Bouddah Poaty

Antioxydants naturels mis en valeur pour les produits gras

Bouddah Poaty

Antioxydants naturels mis en valeur pour les produits gras

Extraits végétaux finement modifiés par chimie verte en tant qu'additifs antioxydants liposolubles

Presses Académiques Francophones

Impressum / Mentions légales
Bibliografische Information der Deutschen Nationalbibliothek: Die Deutsche
Nationalbibliothek verzeichnet diese Publikation in der Deutschen Nationalbibliografie;
detaillierte bibliografische Daten sind im Internet über http://dnb.d-nb.de abrufbar.
Alle in diesem Buch genannten Marken und Produktnamen unterliegen warenzeichen-,
marken- oder patentrechtlichem Schutz bzw. sind Warenzeichen oder eingetragene
Warenzeichen der jeweiligen Inhaber. Die Wiedergabe von Marken, Produktnamen,
Gebrauchsnamen, Handelsnamen, Warenbezeichnungen u.s.w. in diesem Werk berechtigt
auch ohne besondere Kennzeichnung nicht zu der Annahme, dass solche Namen im Sinne
der Warenzeichen- und Markenschutzgesetzgebung als frei zu betrachten wären und
daher von jedermann benutzt werden dürften.

Information bibliographique publiée par la Deutsche Nationalbibliothek: La Deutsche
Nationalbibliothek inscrit cette publication à la Deutsche Nationalbibliografie; des
données bibliographiques détaillées sont disponibles sur internet à l'adresse http://dnb.d-
nb.de.
Toutes marques et noms de produits mentionnés dans ce livre demeurent sous la
protection des marques, des marques déposées et des brevets, et sont des marques ou des
marques déposées de leurs détenteurs respectifs. L'utilisation des marques, noms de
produits, noms communs, noms commerciaux, descriptions de produits, etc, même sans
qu'ils soient mentionnés de façon particulière dans ce livre ne signifie en aucune façon que
ces noms peuvent être utilisés sans restriction à l'égard de la législation pour la protection
des marques et des marques déposées et pourraient donc être utilisés par quiconque.

Coverbild / Photo de couverture: www.ingimage.com

Verlag / Editeur:
Presses Académiques Francophones
ist ein Imprint der / est une marque déposée de
OmniScriptum GmbH & Co. KG
Heinrich-Böcking-Str. 6-8, 66121 Saarbrücken, Deutschland / Allemagne
Email: info@presses-academiques.com

Herstellung: siehe letzte Seite /
Impression: voir la dernière page
ISBN: 978-3-8381-4247-0

À ma tendre et chère mère M'Bissi Bisset Odile, toujours si près de toi

À ya Moïse
À Hermès
À Jacob

À mon père Poaty Mboumba Victor qui m'a toujours été d'un soutien sans faille dans mes projets et qui est un véritable modèle pour moi dans la vie de tous les jours

À

ma' Makosso Jacqueline
ton' Bouanga Louis
ya Cyr
Abraham
Anaële
Mikaël
Abel
Nöe
Mboumba
Bissé "Pobi"
Romaric
Gougou
Mountou
Elsie
Noblesse
Bénite
Gire

Je vous dédie ces travaux.

REMERCIEMENTS

L'aboutissement de ces travaux est évidemment lié à des moments durant lesquels diverses contributions m'ont été bénéfiques. Avant d'entrer en matière, je ne saurai donc oublier le Christ Jésus ainsi que les autres personnes-ressources et auxiliaires dans la présente œuvre.

Ma reconnaissance va d'abord à l'endroit du Professeur André Merlin, Directeur du LERMAB (Laboratoire d'Etudes et de Recherche sur le Matériau Bois), pour avoir permis le déroulement de ces travaux au sein de ce laboratoire.

J'adresse mes vifs remerciements à mon directeur de travaux, Monsieur Dominique Perrin, Maître de conférences à l'Université Henri Poincaré – Nancy I. Son soutien, la disponibilité qu'il m'a accordée et sa bonne humeur ont été d'un concours inestimable dans la réalisation de ces investigations.

Merci également à mon codirecteur, Monsieur Stéphane Dumarçay, Maître de conférences à l'Université Henri Poincaré – Nancy I, pour sa précieuse expertise dans la partie synthèse organique.

Une pensée toute particulière est destinée à Monsieur Francis Fumoux, Professeur à l'Université Aix-Marseille II, qui a supervisé mes premiers pas dans la recherche, qui m'a prêté une oreille très attentive dans mes difficultés et m'a fourni des conseils pratiques qui me servent toujours.

La bienveillance de Madame Tatjana Stevanovic, Professeur à l'Université de Laval (Québec), me va également droit au cœur, à l'égard de mon travail lors de ses visites au laboratoire. Je lui en suis très reconnaissant.

Un grand merci à l'ensemble du personnel du LERMAB : Xavier Deglise, Nicolas Brosse, la très angélique Corinne Courtehoux, Béatrice George, André Donnot, Riad Benelmir, Anne Richy, André Zoulalian, Christine Canal, Stéphane Molina, Laurent Chrusciel, Marie-Odile Rigo, Anélie et Mathieu Pétrissans et le retraité Hubert François pour sa maintenance de l'appareillage de mesure du pouvoir antioxydant.

A mes fantastiques et généreux collègues de paillasse du LERMAB : Siham, Roland, Bajil, Lyne, Verlaine, Mohamed Hakkou, Kamal, Yuting, Lydie, Foued Aloui, Mounir, Privat, Anthony, Rachid, Francis, Mohamed Ragoubi, Giga, Peter, Sanaa, Salim, Ahmed, sans oublier les incontournables Thierry Koumbi Mounanga (y compris la tantine Delphine et Valentin), Serge Thierry Lekounoungou (et la tantine Charlie), Steeve W. Mounguengui (et la tantine Céline), Ambrose Kiprop, Gildas Nguila Inari.

Je remercie aussi tout particulièrement ceux qui m'ont épaulé en dehors du laboratoire. Je pense à Estelle et la famille Makosso, à Vanessa et la famille Ghoechon, à la famille Dufour, à Thierry « Thusso », à Christian « Decker », à Yohan, à Delacroix, à Aurélie, à Franck « F(x) ya nkônô», à Lucie, à Romaric « la Roma », à Caroline Meda, à Marius « Mak », à Hermann « mi hermano », à Dimitri, à Estelle Mounier-Geyssant, à Christian « le tombeur », à Mike, à Elisé « Master D », à Stéphane « le PZ » et à l'Association des Gabonais de Nancy (AGN).

ABRÉVIATIONS ET SYMBOLES

AAO	:	activité antioxydante par la méthode de l'inhibition de l'oxydation du linoléate de méthyle
AAOR	:	AAO relative
A	:	absorbance
AGPI	:	acide gras polyinsaturé
AIBN	:	azobis-isobutyronitrile
APTS	:	acide paratoluène sulfonique
BHA	:	3-tert-butyl-4-hydroxyanisole
BHT	:	3,5-di-tert-butyl-4-hydroxytoluène
BR	:	solution tampon Britton-Robinson
CCM	:	chromatographie sur couche mince
CE$_{50}$	:	concentration efficace en composé phénolique pour faire disparaître 50 % du DPPH initial
DPPH	:	2,2-diphényl-1-picrylhydrazyle
FTIR	:	infrarouge transformée de Fourier (Fourier Transform Infrared)
HPLC	:	chromatographie liquide haute performance (High Performance Liquid Chromatography)
IR	:	infrarouge
k	:	constante de vitesse de réaction
LH	:	linoléate de méthyle
P	:	coefficient de partage d'un composé entre l'octanol et l'eau
PF	:	point de fusion
ppm	:	partie par million
Rf	:	rapport frontal (CCM)
RMN	:	résonance magnétique nucléaire
TBHQ	:	tert-butylhydroquinone

UV	:	ultra-violet
ΦO·	:	radical phénoxyle
ΦOH	:	composé phénolique
ε	:	coefficient d'absorption (molaire ou massique)
δ	:	déplacement chimique (RMN)

TABLE DES MATIÈRES

INTRODUCTION... 1

CHAPITRE I – ÉTUDE BIBLIOGRAPHIQUE........................... 5

I.1 QU'EST-CE QU'UN ANTIOXYDANT.. 5

I.2 LES ANTIOXYDANTS NATURELS... 9

I.3 LES ANTIOXYDANTS DU BOIS.. 15

I.4 LES ANTIOXYDANTS DU RAISIN... 25

I.5 UTILISATION D'ANTIOXYDANTS NON MODIFIÉS DANS LES

CORPS GRAS... 27

I.6 SYNTHÈSE DE DÉRIVÉS LIPOPHILES D'ANTIOXYDANTS

NATURELS.. 29

    I.6.1 Estérification par des acides gras.............................. 29

    I.6.2.Estérification par des alcools aliphatiques................. 33

    I.6.3 Réactions de Friedel-Crafts.................................... 34

    I.6.4 Réactions de couplage par cyclisation....................... 35

        a) Réaction oxa-Pictet-Spengler............................... 36

        b) Greffage régiosélectif de phénylpropanoïdes

substitués sur le flavan-3-ol... 38

    I.6.5 Couplage avec les composés azotés............................ 39

    I.6.6 Modification photochimique..................................... 40

    I.6.7 Estérification enzymatique...................................... 41

    I.6.8 Conclusion.. 43

CHAPITRE II – MATÉRIELS ET MÉTHODES.............................. **45**

II.1 MÉTHODES ANALYTIQUES... 45

    II.1.1 Analyses chromatographiques.............................. 45

    II.1.2 Identifications spectroscopiques......................... 47

II.2 MESURE DU POUVOIR ANTIOXYDANT................................ 48

    II.2.1 Inhibition de l'oxydation induite du linoléate de
méthyle (LH)... 48

        II.2.1.1 Dispositif expérimental......................... 50

        II.2.1.2 Méthodes de mesure de l'inhibition de
l'oxydation de LH... 51

        II.2.1.3 Mode opératoire................................... 53

    II.2.2 Réactivité avec le 2,2-diphényl-1-picrylhydrazyle
(DPPH).. 54

        II.2.2.1 Matériels... 54

        II.2.2.2 Méthodes de mesure du pouvoir antioxydant
via la réactivité avec le DPPH... 56

            a) Mesure de la constante de vitesse..................... 56

            b) Détermination de la CE_{50} (concentration
efficace en composé phénolique telle que 50 % de DPPH ait réagi)... 57

II.3 LIPOPHILIE DES PRODUITS : DÉTERMINATION DE log *P*......... 59

    II.3.1 Principe de l'analyse... 59

    II.3.2 Protocole expérimental... 60

        II.3.2.1 Détermination des coefficients d'extinction
molaires des composés... 60

        II.3.2.2 Étapes relatives aux mesures d'absorbance avant
et après partage... 61

    II.3.3 Prédictions de log *P*... 64

CHAPITRE III – PRÉRARATION DE DÉRIVÉS
LIPOPHILES.. 67

III.1 ALKYLATION DES NOYAUX AROMATIQUES........................ 69

III.2 ESTÉRIFICATION PAR L'ACIDE STÉARIQUE........................ 71

    III.2.1 Estérification du catéchol et de la catéchine............ 71

    III.2.2 Estérification des tanins par l'acide stéarique......... 75

        III.2.2.1 Rendement.. 75

        III.2.2.2 Spectroscopie infrarouge.................................. 77

III.3 ESTÉRIFICATION DE L'ACIDE GALLIQUE PAR L'ALCOOL
LAURIQUE... 81

III.4 COUPLAGE DE TYPE OXA-PICTET-SPENGLER..................... 82

    III.4.1 Essais préliminaires d'une réaction oxa-Pictet-
Spengler.. 82

    III.4.2 Mise au point de nouvelles conditions opératoires.. 84

        Optimisation suivant la quantité d'acétone
utilisée.. 86

        Optimisation suivant la quantité de catalyseur.. 88

        Application aux longues cétones........................ 90

    III.4.3 Dérivés de catéchine isolés par chromatographie
sur gel de silice.. 90

        III.4.3.1 Spectroscopie RMN..................................... 92

        III.4.3.2 Spectroscopie infrarouge............................. 97

        III.4.3.3 Analyse par HPLC....................................... 99

III.4.4 Dérivés de catéchine isolés par lavage à l'eau............ 105

    III.4.4.1 Rendement... 105

        a) Calcul du rendement avant lavage...................... 105

        b) Calcul du rendement après lavage...................... 107

    III.4.4.2 Analyses spectrales................................... 110

    III.4.4.3 Analyses par HPLC.................................... 112

III.4.5 Couplage oxa-Pictet-Spengler appliqué aux extraits 116

    III.4.5.1 Rendement massique................................. 118

        a) Cas de l'extrait Seed H dans des conditions
identiques à celles impliquant la catéchine............................. 118

        b) Cas de l'extrait Seed H modifié à une plus
grande échelle.. 121

        c) Essai sur l'extrait de québracho...................... 122

    III.4.5.2 Spectroscopie RMN.................................. 122

        a) Analyse RMN ^{1}H de l'extrait Seed H.............. 123

        b) Analyse RMN ^{13}C de l'état solide pour
l'extrait Seed H... 124

        c) Analyse RMN ^{1}H de l'extrait de québracho... 126

    III.4.5.3 Spectroscopie infrarouge........................... 127

        a) Extrait Seed H.. 127

        b) Extrait de québracho.................................... 129

    III.4.5.4 Analyse HPLC de l'extrait Seed H et de ses
dérivés.. 130

        a) HPLC de l'extrait Seed H.............................. 131

        b) Analyse des dérivés de l'extrait Seed H......... 133

III.5 DISCUSSION.. 137

    III.5.1 Méthodes de synthèse..................................... 137

    III.5.2 Méthodes de caractérisation des dérivés de tanins... 140

CHAPITRE IV – PROPRIÉTÉS ANTIOXYDANTES ET LIPOPHILIE... **143**

IV.1 POUVOIR ANTIOXYDANT DES COMPOSÉS D'ORIGINE ET DE LEURS DERIVÉS.. 143

    IV.1.1 Composés et extraits modifiés par estérification....... 144

        IV.1.1.1 Catéchol estérifié par l'acide stéarique............... 144

        IV.1.1.2 Extraits.. 145

IV.1.2 Dérivés de catéchine issus du couplage oxa-Pictet-Spengler... 147

IV.1.2.1 Produits isolés par chromatographie sur colonne.. 147

Inhibition de l'oxydation de LH (mesure de l'AAO).. 147

Réaction avec le DPPH ; mesure de la constante de vitesse... 151

Réaction avec le DPPH ; détermination de la CE$_{50}$... 152

IV.1.2.2 Produits isolés par lavage à l'eau...................... 154

Inhibition de l'oxydation de LH (AAO)........... 154

Réaction avec le DPPH ; détermination de la CE$_{50}$... 157

IV.1.2.3 Influence du catalyseur sur le pouvoir antioxydant.. 157

IV.1.3 Dérivés d'extraits issus de la réaction de couplage... 161

IV.1.3.1 Extrait de pépins de raisin et de ses dérivés....... 161

Inhibition de l'oxydation de LH (mesure de l'AAO).. 161

Réaction avec le DPPH ; détermination de la CE$_{50}$... 165

IV.1.3.2 Effets de la désaération et de la quantité de réactifs dans la synthèse de dérivés de tanin Seed H........................... 167

IV.1.3.3 AAO de l'extrait de québracho et de son dérivé 169

IV.2 SOLUBILITÉ DES DÉRIVÉS DANS LES CORPS GRAS.............. 170

  IV.2.1 Estimation de la solubilité dans l'huile ; cas de
composés estérifiés.. 170

  IV.2.2 log *P* déterminé par la méthode du flacon agité........ 172

    IV.2.2.1 Coefficients d'absorption ε déterminées pour
les dérivés de catéchine et de tanin Seed H............................... 172

    IV.2.2.2 Lipophilie mesurée pour les dérivés de
catéchine et de tanin Seed H.. 175

IV.3 DISCUSSION... 179

  IV.3.1 Sur les méthodes de mesure de l'activité
antioxydante.. 179

    *Méthodes d'inhibition de l'autooxydation du
linoléate de méthyle*.. 180

    Réaction du DPPH avec les phénols.......................... 182

    Comparaison des deux méthodes............................... 184

  IV.3.2 Comparaison avec les travaux antérieurs.................. 185

CONCLUSION GÉNÉRALE... **189**

ANNEXES.. **195**
ANNEXE I : DISTILLATION DE L'ESTOROB............................ 195
ANNEXE II : MÉTHODE DE GUGGENHEIM.............................. 199
ANNEXE III : PRODUITS UTILISÉS ET SYNTHÈSE................... 201
ANNEXE IV : PROTOCOLE D'EXTRACTION DE L'EXTRAIT DE
CHÊNE.. 213

ANNEXE V : EXTRAIT SEED H : COMPARAISON DU CHROMATOGRAMME HPLC DU FOURNISSEUR ET DU NÔTRE...... 215

ANNEXE VI : UTILISATION DU RADICAL LIBRE GALVINOXYLE DANS LA MESURE DU POUVOIR ANTIOXYDANT............................... 217

RÉFÉRENCES BIBLIOGRAPHIQUES... **219**

INTRODUCTION

Les réactions d'oxydation, dont divers produits gras (agroalimentaires, cosmétiques, pharmaceutiques, lubrifiants, etc.) font l'objet, nuisent fréquemment aux qualités de ces derniers alors dépréciés. Sous les effets de certains facteurs tels que l'oxygène atmosphérique et la température, ces produits s'oxydent en devenant notamment rances, visqueux, de couleur foncée et donc impropres quant à leurs usages. La préservation des corps gras contre l'oxydation repose habituellement sur l'usage d'additifs antioxydants synthétiques ou naturels, lesquels limitent et/ou retardent la détérioration oxydative résultant de la formation de nombreux radicaux libres dans des réactions radicalaires en chaînes avec le dioxygène. Ces antioxydants sont généralement des composés phénoliques d'origine pétrochimique comme le butylhydroxytoluène (BHT), le butylhydroxyanisole (BHA) ou encore les gallates (Johnson et Gu, 1988 ; Zhang et coll., 2004).

Le LERMAB (Laboratoire d'Etudes et de Recherche sur le Matériau Bois) s'intéresse depuis plusieurs années aux propriétés antioxydantes des extraits de différentes essences végétales (Dirckx, 1988 ; Martin, 1996 ; Diouf, 2003). De ce point de vue, dans une perspective de diminution du coût de la prévention de l'oxydation des corps gras, l'usage de tanins nous a paru être une intéressante alternative. Les tanins sont des polyphénols à propriétés antioxydantes, constituants importants de la plupart des extraits végétaux. Ces derniers sont actuellement peu exploités et représentent donc une source potentielle d'antioxydants bon marché. En effet, les sous-produits de l'industrie du bois, en particulier les sciures de scierie, en sont notamment une source plus que suffisante.

Etant hydrosolubles, les tanins présentent donc une solubilité limitée dans les corps gras, rendant ainsi inappropriée leur utilisation dans ces conditions. Une étude a déjà été faite au LERMAB (Perrin et coll., 2005) concernant la substitution d'antioxydants naturels aux antioxydants synthétiques utilisés actuellement pour stabiliser les biolubrifiants. On a montré dans cette étude que des extraits de chêne sont plus efficaces que le BHT pour protéger l'huile de colza de l'oxydation par le dioxygène. Cependant, ces extraits, peu solubles dans l'huile, ne peuvent pas y être incorporés en quantités suffisantes pour que la protection soit durable. Il semble donc opportun d'augmenter cette solubilité en greffant chimiquement une chaîne aliphatique aux tanins sans altérer leur activité antioxydante. C'est dans cette optique que nous avons entrepris cette étude.

Ce travail s'inscrit dans le cadre d'une valorisation de composés d'origine naturelle en tant qu'antioxydants par des modifications chimiques simples et peu coûteuses en termes d'économie et d'écologie, dans une optique de chimie verte. Pour cela, sont souhaitées des méthodes de synthèse satisfaisant non seulement à la conservation du pouvoir antioxydant après modification, mais aussi à des conditions réactionnelles faciles, douces et très peu polluantes.

Après une étude bibliographique et la description du matériel et des méthodes utilisés, nous avons discuté des protocoles mis au point avec plusieurs composés modèles des tanins. Ces composés sont le phénol, le catéchol, l'acide gallique et surtout la catéchine. Suivant cette logique, nous avons traité en même temps de l'application des méthodes de synthèse à différents extraits et de la caractérisation de ces derniers après modification.

Ensuite, concernant les dérivés de molécules modèles et d'extraits obtenus, nous nous sommes intéressés à leurs propriétés antioxydantes. Pour cela, nous avons utilisé deux méthodes : la méthode de l'inhibition de l'oxydation induite du linoléate de méthyle et celle du suivi de la réactivité avec le radical libre 2,2-diphényl-picrylhydrazyle. D'autre part, nous avons déterminé leur caractère liposoluble grâce à la mesure du coefficient de partage octanol / eau.

Nous avons complété cette étude par une discussion générale et un bref tour d'horizon des principaux enseignements que nous en avons tirés à l'égard de nos objectifs.

CHAPITRE I

ÉTUDE BIBLIOGRAPHIQUE

I.1 QU'EST-CE QU'UN ANTIOXYDANT ?

La plupart des matériaux organiques, dans les systèmes vivants ou non, sont susceptibles de se dégrader à des températures plus ou moins élevées en présence de l'oxygène atmosphérique. Cette oxydation est à l'origine de la détérioration des propriétés mécaniques des polymères, du rancissement des corps gras alimentaires ou techniques, ou de diverses pathologies.

Le bilan de l'oxydation par l'oxygène moléculaire d'un substrat organique RH est, en première approximation, le suivant :

$$RH + O_2 = ROOH$$

C'est une réaction radicalaire en chaînes dans laquelle les atomes d'hydrogène les plus labiles du substrat sont arrachés par des radicaux libres. On peut schématiser le mécanisme de la réaction comme suit :

<u>Amorçage</u> : production de radicaux libres amorceurs $A\cdot$

$$A\cdot + RH \rightarrow AH + R\cdot$$

<u>Propagation</u> : réactions en général très rapides car les radicaux libres sont très réactifs.

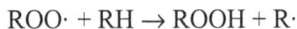

$$R\cdot + O_2 \rightarrow ROO\cdot$$

$$ROO\cdot + RH \rightarrow ROOH + R\cdot$$

<u>Terminaison</u> : réactions entre deux radicaux qui conduisent à la formation de produits stables.

$$R\cdot + R\cdot \rightarrow$$
$$ROO\cdot + R\cdot \rightarrow \qquad \text{produits non radicalaires}$$
$$ROO\cdot + ROO\cdot \rightarrow$$

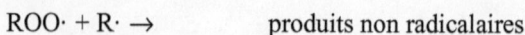

Les additifs limitant l'oxydation peuvent intervenir à deux niveaux dans le mécanisme ci-dessus : dans la phase d'amorçage ou dans la propagation des chaînes. Ils peuvent aussi simplement consommer l'oxygène dans le milieu et par là, limiter l'oxydation : on les appelle alors parfois *antioxygènes*.

L'amorçage implique souvent des peroxydes, ne serait-ce que parce que ce sont des produits primaires de l'oxydation. Les décomposeurs de peroxydes (sans formation de produits radicalaires) désactivent ces derniers. Ce sont, par exemple, des sulfites, des phosphates ou des thioesters. On les appelle parfois *antioxydants secondaires* parce qu'ils suppriment les peroxydes qui seraient des amorceurs secondaires de l'oxydation.

De nombreux composés complexant les ions métalliques ont un effet antioxydant parce qu'ils diminuent, par complexation, la concentration d'ions métalliques dans le milieu. En effet, les ions métalliques comme par exemple Fe^{2+} ou Cu^+ décomposent les peroxydes en produisant des radicaux libres très réactifs susceptibles d'amorcer des chaînes d'oxydation. Par exemple, la réaction de Fenton dont le bilan est :

$$H_2O_2 + Fe^{2+} \rightarrow \cdot OH + Fe^{3+} + OH^-$$

a une grande importance dans les milieux biologiques. Elle est aussi utilisée pour produire des radicaux libres hydroxyle dans des tests d'oxydation. Les complexants des ions métalliques comme l'acide éthylènediaminetétraacétique (EDTA) ou de nombreux polyphénols sont dits *désactivateurs de métaux*. Certains enzymes agissent de manière semblable.

Certaines molécules (quenchers) désactivent un état photoexcité d'une autre molécule, par exemple l'oxygène singulet, et sont antioxydantes pour cette raison ; c'est le cas du β-carotène ou du squalène.

Par opposition aux antioxydants secondaires, on appellera *antioxydants primaires* les composés donneurs d'atome d'hydrogène, et qui, ce faisant, conduisent à un radical libre stable, c'est-à-dire beaucoup moins réactif que les radicaux libres porteurs de chaînes dans le schéma cinétique présenté ci-dessus. Ce sont le plus souvent des phénols encombrés ou des amines aromatiques secondaires. On les appelle aussi antioxydants par rupture de chaîne (*chain breaking antioxidants*) ou désactivateurs de radicaux libres (*free radical scavengers*).

En présence d'un phénol ΦOH, par exemple, le schéma cinétique présenté ci-dessus doit être complété, dans les cas les plus simples, par les processus :

$$RO_2 \cdot + \Phi OH \rightarrow ROOH + \Phi O \cdot$$
$$\Phi O \cdot + \Phi O \cdot \rightarrow \text{produits non radicalaires}$$

Par exemple, le BHT (2,6-di-tert-butyl-4-méthylphénol ou 3,5-di-tert-Butyl-4-HydroxyToluène), un antioxydant de synthèse très utilisé dans l'industrie alimentaire, conduit à un radical libre phénoxyle encombré stériquement et, comme tous les radicaux phénoxyle, stabilisé par résonance, donc très peu réactif et qui ne réagit que dans des processus de terminaison des chaînes, recombinaisons ou dismutations (figure I.1):

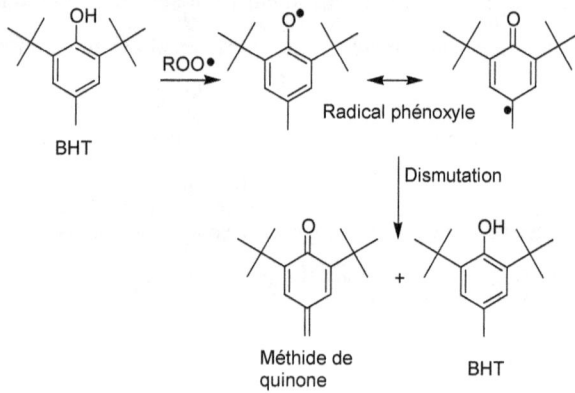

Figure I.1. Transformation du BHT lors de l'oxydation.

Dans ce qui suit, nous nous intéresserons aux antioxydants naturels qui, dans leur immense majorité, sont des phénols et donc des antioxydants par rupture de chaîne.

Notons qu'un composé donné peut agir par désactivation d'espèces excitées et par rupture de chaîne comme c'est le cas du β-carotène (El Oualja et coll., 1995), ou comme complexant des métaux et par rupture de chaîne comme de nombreux polyphénols.

I.2 ANTIOXYDANTS NATURELS

Les plantes constituent des sources très importantes d'antioxydants. Les antioxydants naturels dont l'efficacité est la plus reconnue aussi bien dans l'industrie agroalimentaire que pour la santé humaine sont les tocophérols, la vitamine C et les caroténoïdes.

De nombreuses études ont mis en évidence des composés antioxydants dans divers végétaux (Kasuga et coll., 1988) comme par exemple le romarin (Wu et coll., 1982), la cosse de riz (Ramarathnam et coll., 1989), le thé (Amarowicz et Shahidi, 1996), la graine de sésame (Fukuda et coll., 1985) ou de colza (Wanasundara et coll., 1994), le gingembre (Jitoe et coll., 1992), etc.

Les aminoacides et les peptides sont connus pour complexer les métaux. Mais on admet que ce sont aussi des antioxydants par rupture de chaîne. La capacité antioxydante de nombreux aminoacides a été évaluée (Iosub et coll., 2006). Chen et coll. (1995) ont isolé du soja des peptides dont le pouvoir antioxydant est comparable à celui du BHA.

L'acide phytique (figure I.2) et les phytates sont connus pour leurs propriétés antioxydantes dans les aliments à base de céréales (Empson et coll., 1991). Les phospholipides inhibent l'oxydation des lipides (Saito et Ishihara, 1997).

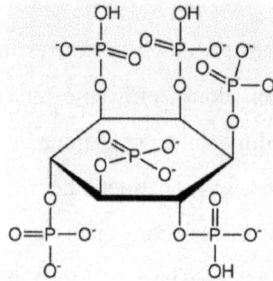

Figure I.2. Acide phytique.

Les flavonoïdes

Les flavonoïdes constituent un groupe de composés naturels très important. Ils sont présents dans toutes les plantes vasculaires et on en a identifié au moins 4000. Ils sont responsables des couleurs variées des plantes et des fruits. Ils font partie de notre alimentation et leur absorption alimentaire journalière est d'environ 1 g, loin devant la vitamine E et les caroténoïdes (Hertog et coll., 1993).

Les flavonoïdes ont une structure basée sur le phénylchromane, un noyau pyrane accolé à un cycle benzénique, avec un substituant phényle : sur la figure I.3 sont représentés les cycles A, B et C (pyrane) et la numérotation officielle des atomes de carbone.

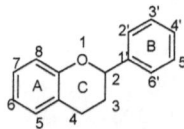

Figure I.3. Structure de base des flavonoïdes.

10

Plusieurs sous-groupes existent selon leur degré d'insaturation et d'oxydation du cycle pyranique : les flavanes, les flavanones, les flavones, les isoflavones, les aurones, les chalcones, etc. Quelques exemples de chacun de ces groupes sont donnés sur la figure I.4 : les hydrogènes des 3 cycles sont diversement substitués par des groupements hydroxyle, parfois par des groupements méthoxyle et sont souvent glycosilés. Par exemple, si on remplace dans la quercétine l'hydroxyle en 3 par un groupement 6-O-L-rhamnosyl-D-glucose, on obtient la rutine.

Structure de base	Substituant OH(OCH3)	Nom	Occurrence
Flavones	3, 7, 3', 4' 3, 5, 7, 4' 3, 7, 3', 4', 5' 3, 5, 7, 3', 4' 3, 5, 7, 2', 4'	Fisétine Kaempférol Robinétine Quercétine Morine	*Acacia, Rhus, Schinopsis* *Afzelia* *Acacia, Robinia, Schinopsis* *Acacia, Aesculus, Quercus* *Chlorophora*
Flavanes	3, 7, 3', 4' 3, 4, 7, 3', 4' 3, 5, 7, 3', 4' 3, 4, 5, 7, 3', 4'	Fisétinidol Mollisacacidine Catéchine Leucocyanidine	*Acacia* *Acacia, Gleditsia* *Acacia, Schinopsis* *Schinopsis*
Flavanones	7, 3', 4' 3, 7, 3', 4'	Butine Fustine	*Acacia* *Acacia, Schinopsis*
Isoflavones	5, 4', (7) 5, 3', 4', (7)	Prunétine Santal	*Prunus, Pterocarpus* *Pterocarpus, Santalum*
Aurones	6, 3', 4' 6, 3', 4', (4) 2, 6, 3', 4' 2, 6, 3', (4')	Sulfurétine Rengasine Tétrahydroxy- benzylcoumaranone Méthoxytrihydroxy- benzylcoumaranone	*Pseudosindora* *Melanorrhoea, Pseudosindora* *Schinopsis* *Schinopsis*
Chalcones	3, 4, 2', 4' 3, 4, 2', 3', 4' α, 3, 4, 2', 4'	Butéine Okanine Pentahydroxy- chalcone	*Acacia, Pseudosindora* *Cycliocodiscus* *Peltogyne* *Trachylobium*

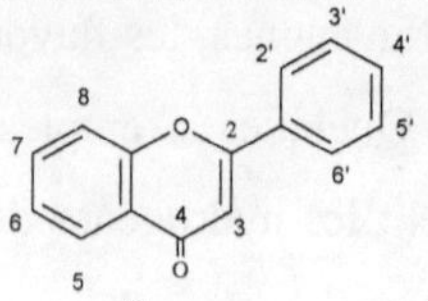

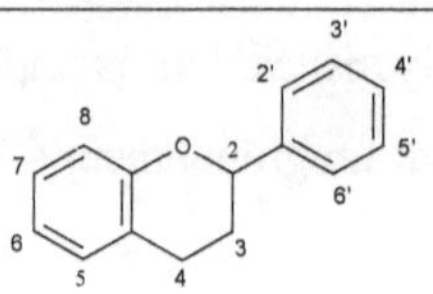

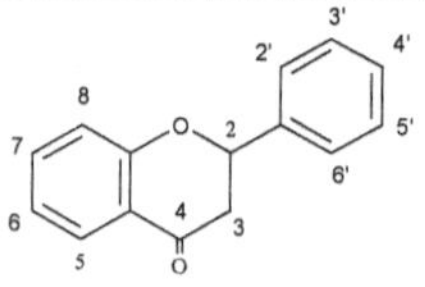

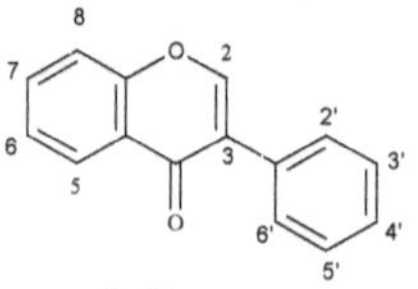

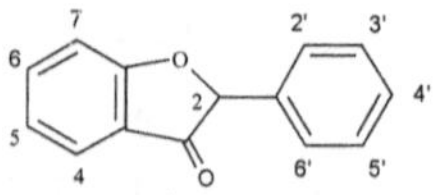

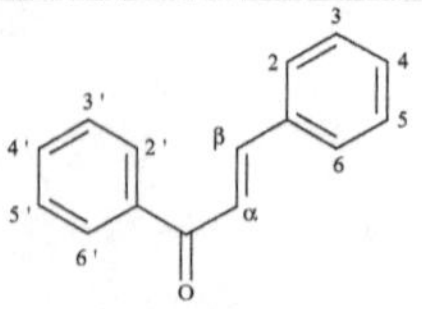

Figure I.4. Quelques flavonoïdes. Les fonctions de substitution font référence au groupe OH ou, entre parenthèses, à OCH₃.

De nombreuses études ont montré que les flavonoïdes sont dotés d'activités anti-inflammatoires, vasodilatatoires, cardioprotectrices, neuroprotectrices, œstrogéniques et inhibitrices d'enzyme (Harborne et Williams, 2000). L'une de leurs fonctions indiscutables est leur rôle de protection des végétaux contre les invasions microbiennes. Ceci n'est pas seulement le fait de leur présence dans les plantes en tant que constituants, mais aussi celui de leur accumulation comme phytoalexines en réponse aux attaques fongiques, bactériennes ou virales (Grayer et Harborne, 1994 ; Harborne, 1999). Cette capacité inhibitrice d'agents pathogènes a été mise à profit pour le traitement de maladies humaines, en particulier pour le contrôle du virus du SIDA. Les flavonoïdes seraient aussi impliqués dans la protection des végétaux contre le rayonnement ultraviolet dont l'incidence est accentuée par la dégradation de la couche d'ozone. En effet, l'une des formes d'adaptation aux radiations UV-B nuisibles pour les tissus photosynthétiques serait la production de pigments flavonoïdiques capables d'agir comme des filtres UV. En somme, les flavonoïdes sont d'un intérêt grandissant pour la santé humaine car ils favorisent, à travers leur consommation sous forme d'aliments, non seulement les propriétés biologiques précédemment citées, mais aussi les effets anti-cancéreux qui en résultent (Harborne et Williams, 2000). Par ailleurs, il a été généralement admis qu'ils jouent aussi un rôle dans la protection de végétaux contre les insectes et les mammifères herbivores envers lesquels ils exercent des effets dissuasifs ou inhibiteurs d'ingestion (Grayer et coll, 1994 ; Wang et coll, 1999). Les flavonoïdes sont, d'autre part, bien connus pour leurs propriétés antioxydantes (voir par exemple Bocquillon, 1996 ; Sroka, 2005 ; Sun et Powers, 2007), mais l'impact de ces propriétés dans les systèmes vivants est actuellement très discuté (Halliwell, 2007 ; Lotito et Frei, 2006). En effet, l'énorme augmentation de la capacité antioxydante du sang suite à la consommation d'aliments riches en flavonoïdes ne semble pas directement liée à la présence des flavonoïdes eux-mêmes, mais est très probablement due aux niveaux accrus d'acide urique qui résultent de l'élimination des flavonoïdes du corps.

Les anthocyanes absorbent la lumière visible et sont responsables des couleurs très variées des fleurs et des fruits. On les présente habituellement avec une structure de base commune, le cation flavylium ou 2-phényl-1-benzopyrlium. La figure I.5 donne l'exemple de la malvine. Les anthocyanidines sont les aglycones des anthocyanes. Dans le cas de la malvine, si on remplace le glucose (Oglu) par OH on a la malvidine. Dans la nature, les anthocyanes sont toujours glycosilés en position 3. En fait, les anthocyanes et anthocyanidines se présentent, selon le pH, sous diverses formes en équilibre (figure I.5) : la forme cationique est responsable de la couleur en milieu acide, la forme chalcone étant responsable de la couleur en milieu basique (Brouillard et coll., 1977a, 1977b).

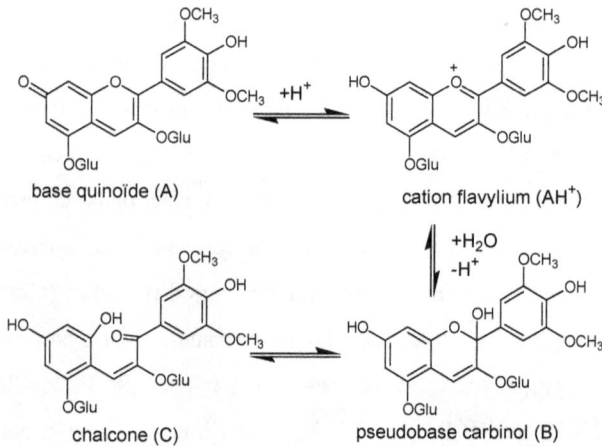

Figure I.5. Les différentes formes des anthocyanes selon le pH : exemple de la malvine.

Le rôle de la couleur peut s'avérer significatif comme c'est le cas chez certaines fleurs dont la couleur bleue due à la delphinidine est un des atouts privilégiés pour attirer les abeilles pollinisatrices (Harborne et Williams, 2000).

I.3   LES ANTIOXYDANTS DU BOIS

Les constituants chimiques du bois sont de deux types :

- les substances macromoléculaires qui constituent les parois cellulaires et sont responsables de la structure des plantes, du port dressé des arbres : ce sont la cellulose, les lignines et les hémicelluloses

- les composés de faible masse moléculaire, les extraits, qui sont plus spécifiques de chaque espèce et peuvent même servir de base à la chimiotaxinomie.

Le terme « extrait » recouvre un grand nombre de composés qu'on peut extraire du bois avec des solvants polaires (eau, acétone…) ou apolaires (éther de pétrole…). La teneur en extraits est en général de quelques pourcent, 20% dans des cas extrêmes.

Les terpènes sont des oligomères de l'isoprène et sont très nombreux, en particulier dans les résineux dans lesquels ils constituent la résine ; ils ont rarement des propriétés antioxydantes.

Les acides gras saturés et insaturés sont généralement estérifiés avec le glycérol (huiles) ou avec des alcools gras (cires), et n'ont pas de propriétés antioxydantes.

Les composés aromatiques sont presque tous phénoliques et se présentent sous forme de phénols simples ou de tanins qui sont des oligomères de phénols simples.

Lors de l'extraction ou d'autres traitements on obtient des phénols de faible masse molaire qui sont des produits de dégradation de composés plus complexes. Chez les résineux, on trouve entre autres (Haluk, 1994) la vanilline, le p-hydroxybenzaldéhyde, le coniféraldéhyde, le guaïacylglycérol, ces deux derniers étant des phénylpropanes, unités de base de la construction des lignines. Les feuillus contiennent des acides p-hydroxybenzoïque, syringique ou ferrulique, du syringaldéhyde et de la vanilline. Les premiers extractibles du bois de chêne identifiés furent l'acide gallique et ses dimères (Hillis, 1962) (figure I.6).

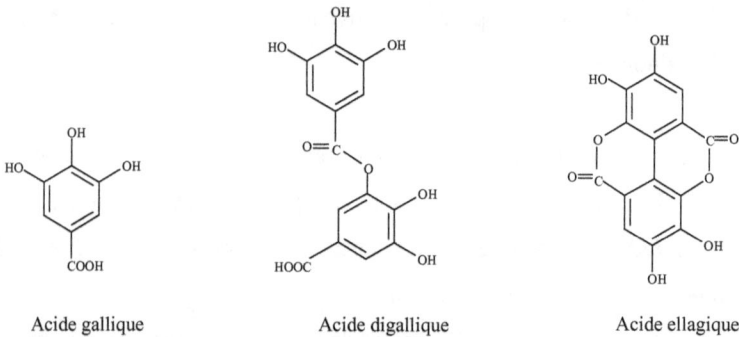

Acide gallique   Acide digallique   Acide ellagique

Figure I.6. L'acide gallique et ses dimères.

On a aussi trouvé dans le chêne le sinapaldéhyde, le coniféraldéhyde, le syringaldéhyde, la vanilline…

Un second groupe de phénols simples est constitué par les lignanes, qui sont formés de deux unités de type phénylpropane. Les figures I.7 et I.8 donnent quelques exemples de lignanes de résineux et de feuillus.

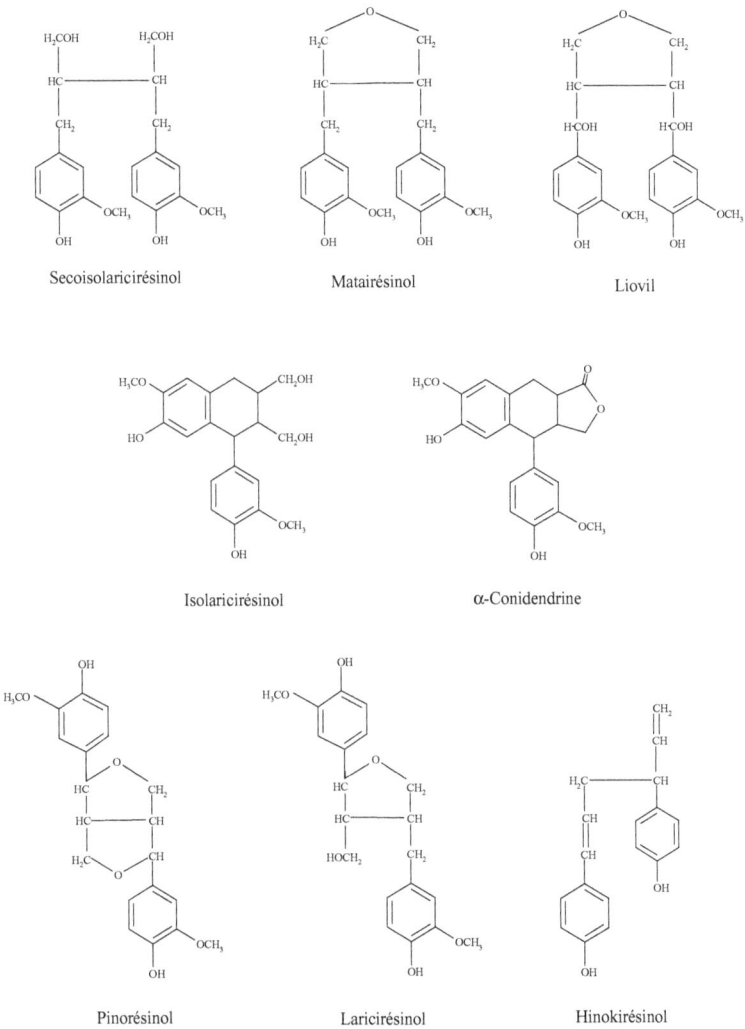

Figure I.7. Quelques lignanes des résineux.

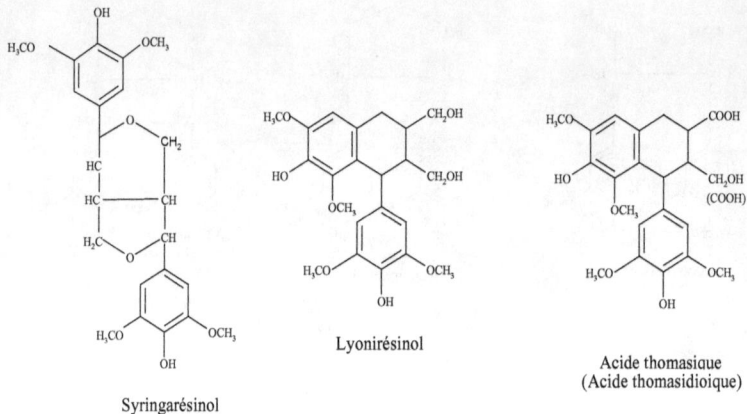

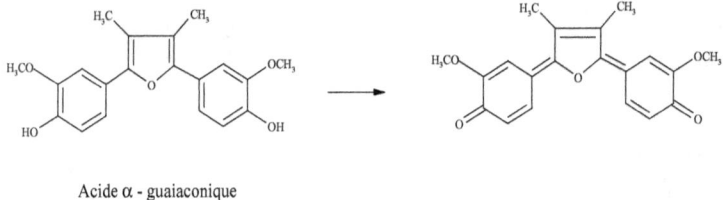

Figure I.8. Quelques lignanes de feuillus.

.

Les stilbènes (le stilbène est le diphényléthylène) sont présents chez les feuillus comme chez les résineux (figures I.9). Ils jouent dans la plante un rôle défensif contre les attaques de bactéries ou de champignons.

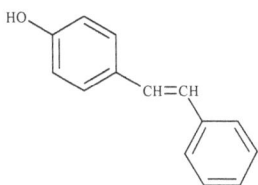

4 - Hydroxystilbène   4 - Méthoxystilbène

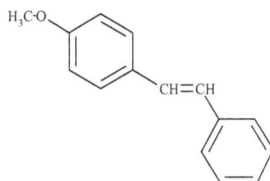

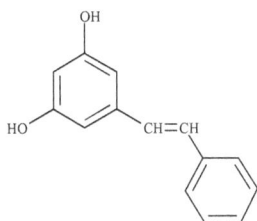

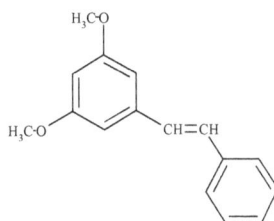

Pinosylvine   Pinosylvine diméthyléther

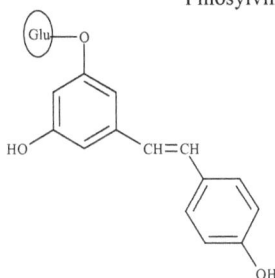

Picéide

Figure I.9. Quelques dérivés du stilbène identifiés dans les conifères.

Les flavonoïdes ont été décrits ci-dessus. Tous ceux de la figure I.4 se trouvent dans des arbres, et leur nom dérive souvent de l'essence où on les a identifiés pour la première fois ; on a trouvé, par exemple, la robinétine dans le robinier et la quercétine dans les extraits de chêne.

Les tanins (ou tannins) sont des polyphénols d'origine végétale caractérisés par leur réaction de précipitation avec les protéines (Metche et Gérardin, 1980). C'est cette réaction qui leur confère les propriétés tannantes qu'ils exercent sur le collagène de la peau, la transformant en cuir en la rendant imputrescible. Dans les plantes, ils ont un rôle de défense. On les trouve dans toutes les plantes, et ils constituent pour les arbres la plus grande partie de leurs extraits. On distingue, d'après leur structure, les tanins hydrolysables et les tanins condensés (Noferi et coll., 1996 ; De Bryne et coll., 1999 ; Becker et Makkar, 1999 ; Zywicki et coll., 2002). Généralement, dans une espèce donnée, on trouve préférentiellement un des deux types de tanins. Par exemple, les tanins de châtaigner, de chêne, de noyer, de sommaco ou de tara sont des tanins hydrolysables et ceux de mimosa, de pécan, de pin ou de quebracho sont des tanins condensés (Diouf, 2003).

Les tanins hydrolysables sont des esters de l'acide gallique ou/et de ses dimères d'acide digallique et surtout d'acide ellagique avec des monosaccharides, essentiellement le glucose. On distingue souvent les gallotanins qui libèrent par hydrolyse l'acide gallique et les ellagitanins qui libèrent l'acide ellagique (Fengel et Wegener, 1984). On a décrit plus de 700 esters de l'acide gallique, qui s'accumulent parfois en grandes quantités dans certains tissus. C'est le cas de l'acide tannique, mélange complexe de gallotanins, qui constitue jusqu'à 70 % des galles de *Rhus semialata* (gallotanin chinois) (Haslam, 1998) [figure I.10].

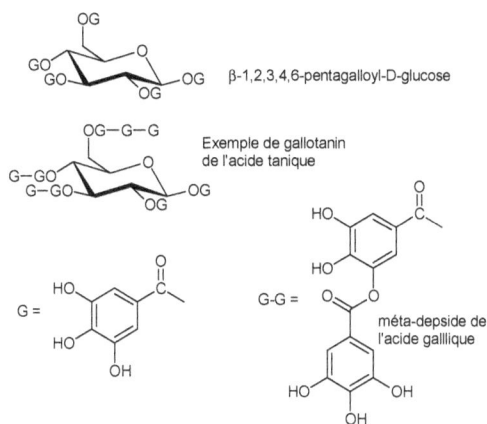

Figure I.10. Exemples de gallotanins de l'acide tannique.

Les tanins du chêne ont été beaucoup étudiés. Les ellagitanins représentent environ 70% des extractibles du chêne, soit environ 10 % de la masse de bois (Klumpers, 1994). Mayer et coll. (1967a, 1967b, 1971) ont isolé et caractérisé les deux principaux tanins de *Quercus robur* : la castalagine et la vescalagine (figure I.10). La grandine a été isolée par Nonaka et coll. (1989) et quatre autres tanins, les roburines A, B, C et D, par Scalbert et coll. (1990) et Hervé du Penhoat et coll. (1991). Tous ces tanins sont présentés sur la figure I.11.

Lyxose (L)   R1 = H,   R2 = OH
Xylose (X)   R1 = OH, R2 = H

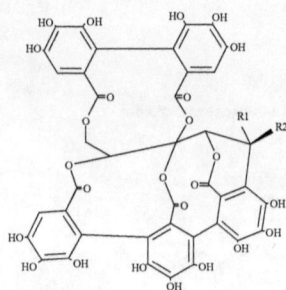

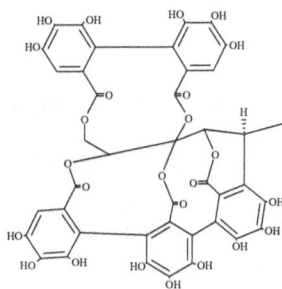

Vescalagine   R1 = H,   R2 = OH
Castalagine   R1 = OH,   R2 = H
Grandinine   R1 = H,   R2 = L
Roburine E   R1 = H,   R2 = X

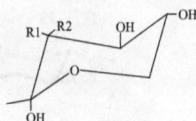

Roburine A   R1 = OH,   R2 = H
Roburine B   R1 = H,   R2 = L

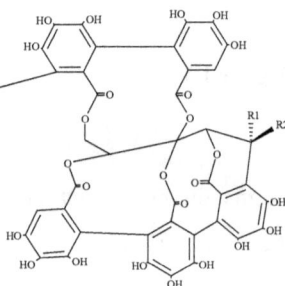

Roburine D   R1 = H,   R2 = OH
Roburine C   R1 = H,   R2 = X

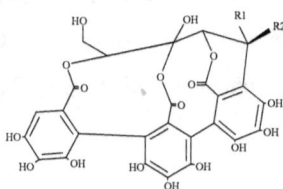

Vescaline   R1 = H,   R2 = OH
Castaline   R1 = OH,   R2 = H

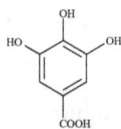

Acide gallique   Acide ellagique

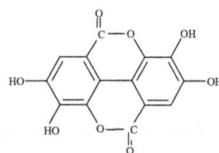

Figure I.11. Ellagitannins du bois de chêne et leurs produits d'hydrolyse, acides gallique et ellagique.

22

Les tanins condensés ou proanthocyanidines sont des oligomères obtenus par la condensation de flavanes, avec des liaisons interflavaniques C-C. La structure en est schématisée sur la figure I.12.

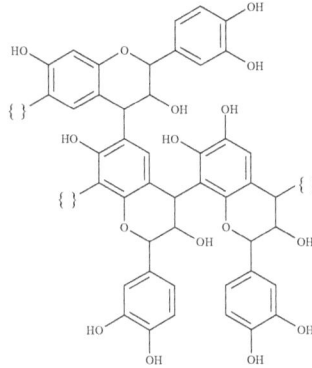

Figure I.12. Structure des tannins condensés.

On sait depuis longtemps (Roux et Evelyn, 1960) que seuls des monomères flavan-3-ol (catéchine) et flavan-3,4-diol (leucoanthocya-nidine) constituent ces tanins ; on les appelle souvent globalement et abusivement tanins catéchiques. La figure I.13 présente les principales unités des tanins condensés.

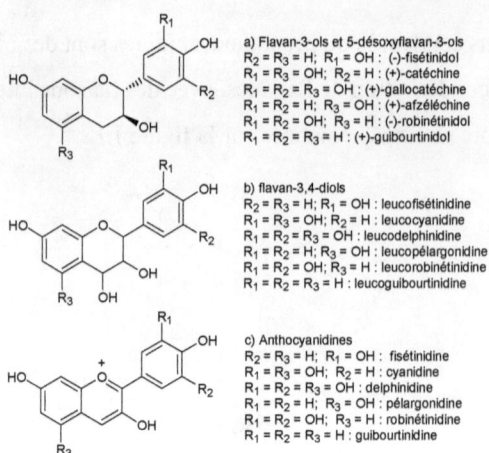

Figure I.13. Unités des tanins condensés – (a) flavan-3-ols et 5-désoxyflavan-3-ols et (b) flavan-3-4-diols ou leucoanthocyanidines – et (c) anthocyanidines correspondantes.

La plupart des proanthocyanidines oligomères, qui sont les vrais tanins condensés, sont presque invariablement retrouvées accompagnées par un des flavan-3-ols. La (+)-catéchine et la (-)-épicatéchine sont les plus fréquentes, surtout quand il s'agit d'oligomères de type B (Haslam, 1982). D'un point de vue structural les procyanidines dimères de type B sont formées par liaison entre le carbone 4 d'un monomère et le carbone 8 de l'autre. Les dimères catéchiques sont à la base des tanins de type phloroglucinol (d'après l'hydroxylation du cycle A, y compris l'oxygène du pont chromane). Les dimères de type A sont constitués d'unités 5-déoxyflavan-3-ol (par exemple fisétinidol, robinétinidol) qui sont liées de préférence par des liaisons C4-C6. Ces dimères sont à la base des tanins condensés de type résorcinol. Il est donc probable que la substitution préférentielle dans les positions 6 et 8 (soit des liaisons 4-6 ou 4-8) dépende de l'accessibilité à chacune de ces positions. Les tanins condensés de type A proviennent essentiellement de deux espèces : les légumineuses et les anacardiacées. On classe les tanins condensés dont la structure repose sur les 5-désoxyflavan-3ols en proguibourtinidines, profisétinidines et prorobinétidines; les profisétinidines étant les plus communs.

Les tanins condensés de type B sont omniprésents dans les arbres. On les trouve comme procyanidines pures (tanins condensés à base de catéchine et d'épicatéchine) et ils accompagnent les tanins de type résorcinol dans les familles mentionnées précédemment.

I.4   LES ANTIOXYDANTS DU RAISIN

Les extraits du raisin se situent dans la peau et surtout dans le pépin du fruit. C'est pourquoi les tanins œnologiques sont en général des extraits de pépin de raisin. On trouve dans le raisin tous les phénols simples déjà cités plus haut, ainsi que quelques autres. C'est particulièrement le cas du resvératrol (figure I.14),

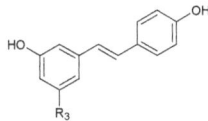

Figure I.14. Le trans-resvératrol.

présent sous forme cis ou trans, glycosylé ou non. Beaucoup d'intérêts sont portés depuis quelques années sur celui-ci en vertu de ses effets bénéfiques sur la santé humaine (Williams et Elliot, 1997 ; Orallo, 2008). Par ailleurs, d'aucuns lui attribuent des effets plus généralement associés aux polyphénols dans leur ensemble. On trouve en assez grandes quantités dans le raisin des flavanols, des flavonols et des anthocyanines. Ces molécules sont généralement glycosylées en C3 (Flamini, 2003). Les anthocyanines, responsables de la couleur de la baie, sont monoglycosylées en C3, ou diglycosylées en C3 et en C5. La catéchine, la gallocatéchine, l'epicatéchine et l'épigallocatéchine sont présentes dans la baie en tant que monomères, mais surtout liées entre elles pour former les procyanidines, les proanthocyanidines et les tannins. L'ensemble de ces dimères ou oligomères représente la plus grande partie de l'extrait phénolique de la peau ou du pépin. Les procyanidines se présentent sous forme d'oligomères contenant jusqu'à 6 unités (épi)catéchine, et même plus, mais la structure des oligomères plus gros et des polymères est à l'heure actuelle inconnue (de Freitas et coll., 1998). Ces auteurs ont identifié dans le pépin de nombreux dimères et trimères dont un certain nombre contiennent l'épicatéchine gallate (substituée en C4). La figure I.15 représente la catéchine et l'épicatéchine ainsi que les procyanidines dimères correspondantes et un trimère.

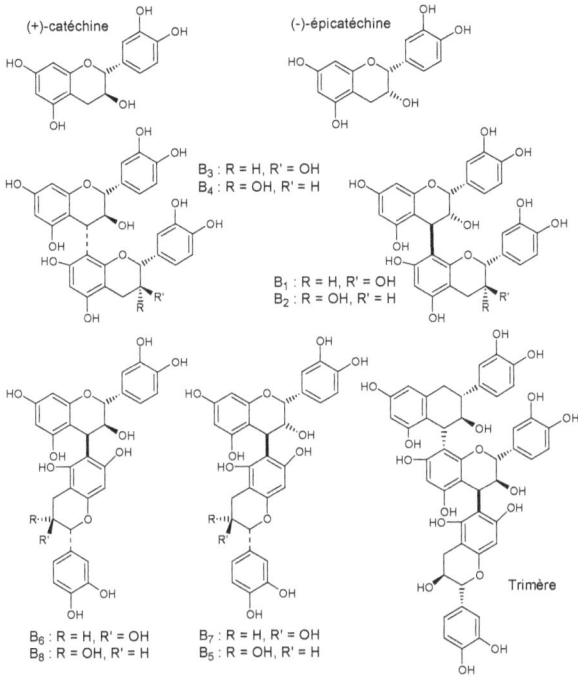

Figure I.15. Structure de catéchines, de proanthocyanidines dimères et d'un trimère.

I.5   UTILISATION D'ANTIOXYDANTS NON MODIFIÉS DANS LES CORPS GRAS

Il est important de mentionner que, pour la protection des corps gras contre l'oxydation, des antioxydants phénoliques naturellement liposolubles ont été utilisés tel quel. Nous notons, par exemple, que dans le cadre de certaines investigations d'intérêt médical ou alimentaire, des membranes biologiques et différentes huiles ont été imprégnées de vitamine E pour faire face à la peroxydation lipidique (Le Tutour, 1990 ; Perrin et coll., 1996 ; Chiabrando et coll., 2002, El-Demerdash, 2004). Par ailleurs, White (1995) a rapporté que des tocophérols, de même que des mono- ou diesters d'acide caféique ou ferulique et d'hexacosane-1-ol, d'hexacosane-1,26-diol, d'octacosane-1,28-diol, d'acide 26-hydroxyhexacosanoïque et d'acide 28-hydroxyoctacosanoïque, qui sont des extraits méthanoliques issus de l'avoine, peuvent réduire la polymérisation de l'huile à des températures de friture.

D'autre part, on peut utiliser des antioxydants non lipophiles en les incorporant dans des émulsions, comme cela se fait en cosmétologie. Ainsi, le pouvoir antioxydant d'extraits d'huiles essentielles d'épices et d'herbes telles que le thym, le carvi, le cumin, le clou de girofle, le romarin et la sauge a été déterminé par oxydation en émulsion aqueuse du β-carotène et de l'acide linoléique (Farag et coll., 1989 ; Chevolleau, 1990). Ces propriétés se sont d'ailleurs montrées supérieures à celle du BHT et se classeraient par ordre décroissant comme suit : carvi, sauge, cumin, romarin, thym et clou de girofle. Dans un autre schéma similaire visant l'usage de la vitamine C en milieu micellaire, celle-ci a pu être dispersée notamment dans des microémulsions huile-eau et eau-huile d'un système bromure de cétyltriméthylammonium (CTAB) / pentanol / p-xylène / eau (Yu et Guo, 1999). Plus récemment, nous avons montré (Perrin et coll., 2005) que des extraits de chêne sont plus efficaces que le BHT pour protéger l'huile de colza de l'oxydation par le dioxygène et que l'incorporation d'extraits dans des microémulsions à l'aide de tensioactifs n'apporte pas d'amélioration par rapport à l'incorporation directe dans l'huile.

I.6   SYNTHÈSE DE DÉRIVÉS LIPOPHILES D'ANTIOXYDANTS NATURELS

De nombreux composés phénoliques simples d'origine végétale tels que la vitamine C, la catéchine, la quercétine, les isoflavones, l'acide caféique ou encore l'acide gallique sont très appréciés pour leur pouvoir antioxydant. L'intérêt qu'on leur porte est tel que, lorsqu'ils ne sont pas miscibles à un milieu d'utilisation hydrophobe, différentes stratégies ont été développées pour y remédier. Il existe une grande variété de techniques dont ont fait l'objet de tels composés afin de les rendre lipophiles et de bénéficier ainsi de leurs propriétés dans les corps gras.

Etant donné que les composés phénoliques antioxydants possèdent des groupements hydroxyle et souvent des groupements carboxyliques, des estérifications visant à les rendre lipophiles ont pu être réalisées soit par des acides gras, soit par des alcools à longue chaîne carbonée. La présence de noyaux aromatiques et de structure de type flavan-3-ol a aussi permis d'envisager des alkylations et acylations de Friedel-Crafts, ainsi que certaines réactions de couplage régiosélectives. Ces antioxydants peuvent aussi être modifiés par des réactions photochimiques ou enzymatiques.

I.6.1 Estérification par des acides gras

L'estérification d'un composé par un chlorure d'acide gras est une méthode pouvant impliquer la totalité ou une partie des groupements hydroxyle du composé. Elle a fait l'objet de nombreuses études dont quelques unes sont rapportées ci-après.

Takizawa et coll. (1992) ont montré que la stabilité oxydative du saindoux peut être obtenue à l'aide de dérivés de la quercétine. Dans un premier temps, de la quercétine dissoute dans un mélange benzène - tétrahydrofurane a réagi avec du chlorure d'acide dodécanoïque en présence de triéthylamine comme catalyseur. La 7-dodécanoylquercétine ainsi qu'une tridodécanoylquercétine ont été obtenues. Dans un second temps, comme précédemment, de la quercétine a été ajoutée à du chlorure d'acide oléique et il en a résulté de la 7-oléylquercétine (réaction illustrée sur la figure I.16).

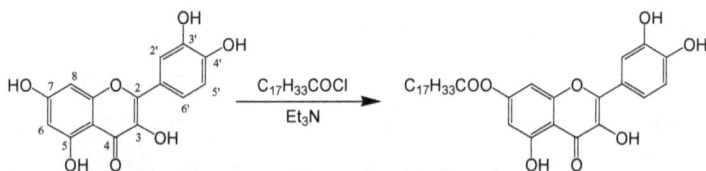

Figure I.16. Schéma de l'estérification de la quercétine en 7-oléylquercétine.

Les mesures d'effets antioxydants de ces produits dans du saindoux à 120°C ont révélé que les composés polyestérifiés étaient de loin les moins efficaces et que la 7-oléylquercétine était meilleure que la 7-dodécanoylquercétine.

Des esters d'acides gras et des isoflavones antioxydantes génistéine (trihydroxy-5,7,4'-isoflavone) et daidzéine (dihydroxy-7,4'-isoflavone) ont été synthétisés. Il a été obtenu du 7-mono-, du 4'-mono-, du 7,4'-distéarate ou oléate d'isoflavone. Ces esters se sont montrés d'efficaces antioxydants lors de l'oxydation de lipoprotéines humaines de faible densité (LDL, dont l'oxydation joue un rôle important dans le développement de l'athérosclérose) (Meng et coll., 1999 ; Lewis et coll., 2000). Nous présentons le schéma de cette estérification sur la figure I.17.

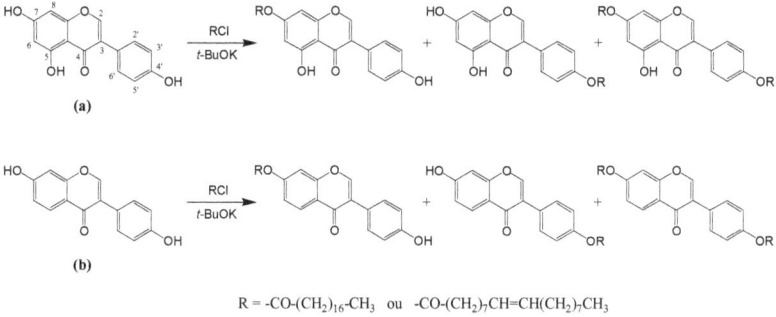

R = -CO-(CH$_2$)$_{16}$-CH$_3$ ou -CO-(CH$_2$)$_7$CH=CH(CH$_2$)$_7$CH$_3$

Figure I.17. Estérification de la génistéine (a) et de la daidzéine (b) en 7-mono-, en 4'mono- et en 7,4'-distéarates ou oléates de ces isoflavones.

Une perspective d'obtention de nouveaux composés pharmaceutiques favorisant des effets antibiotiques, antiviraux, anti-inflammatoires et antitumoraux a amené Chen et coll. (1999) à estérifier l'acide caféique avec divers chlorures d'acyle. La synthèse a été catalysée à chaud par la pyridine dans le nitrobenzène. Selon la méthode de la réactivité avec le radical libre 2,2-diphényl-picrylhydrazyle (DPPH), le pouvoir antioxydant des esters obtenus a été satisfaisant.

Un stéaroyle d'acide tannique liposoluble a pu être synthétisé, dans des conditions optimales, à partir de chlorure d'acide stéarique et d'acide tannique dans un rapport molaire de 20 : 1 et en présence d'un catalyseur, l'acide p-toluène sulfonique. La réaction a été conduite à température de reflux du dioxane pendant 4 h sous azote. Le taux d'inhibition de la formation de peroxydes par le stéaroyle d'acide tannique (66%) a été supérieur à celui obtenu avec le BHT (56%) lorsque deux échantillons d'huile de colza de même concentration en antioxydants ont été incubés à 60°C pendant 18 jours (Ma et coll., 2001). Dans une étude établissant les propriétés antibactériennes (en particulier contre des microbes ayant une membrane cellulaire hydrophobe) des acides tanniques, ces derniers ont été estérifiés à partir de chlorure d'acide décanoïque, ou de chlorure d'acide myristique, ou de chlorure d'acide stéarique et d'acide tannique dans un rapport molaire de 15 :1 (Ma et coll., 2003).

D'autres travaux ayant la même finalité antibactérienne ont conduit à estérifier par des chlorures d'acide la (-)-épicatéchine et la (+)-catéchine en 3-O-acyl-(-)-épicatéchines et en 3-O-acyl-(+)-catéchines. Les dérivés estérifiés possédaient une chaîne aliphatique dont la longueur variait de C_4 à C_{16} (Park et coll., 2004).

Par ailleurs, il a été possible de concevoir des polyphénols de thé lipophiles en faisant réagir les polyphénols (contenant essentiellement de l'epigallocatéchine-3-O-gallate, de l'epigallocatéchine et de l'epicatéchine-3-O-gallate) avec du chlorure d'acide hexadécanoïque. Il a été isolé principalement de l'epigallocatéchine-3-O-gallate-4'- hexadécanoate (Chen et Du, 2003).

Jin et Yoshioka (2005) ont acylé la (+)-catéchine avec le chlorure de lauroyle et obtenu la 3-lauroyl-, 3',4'-dilauroyl- et 3,3',4'-trilauroyl catéchine. Si le premier conserve pratiquement l'activité antioxydante de la catéchine, les deux autres sont très peu efficaces, ce qui confirme que bloquer des OH phénoliques du cycle B abaisse l'activité.

Afin de préserver au mieux les propriétés antioxydantes d'un composé proposé à une estérification avec un chlorure d'acide gras, il peut être intéressant de protéger au préalable les groupements hydroxyle responsables de ces propriétés. Dans le cas de la catéchine, le groupement OH en position 3 n'est pas lié aux propriétés antioxydantes. Une méthode ainsi explorée a consisté à protéger d'abord tous les groupements OH phénoliques (en position 5, 7, 3' et 4') par alkylation directe avec du bromure de benzyle. La catéchine polybenzylée obtenue a été ensuite estérifiée, à partir de son groupement hydroxyle 3 libre, par un chlorure d'acide gras. L'ester produit a été finalement débenzylé pour restaurer les groupements OH par une hydrogénation catalytique, suivie d'une filtration et d'une cristallisation. C'est une technique qui a été notamment utilisée lors d'une étude de la structure et de l'activité d'oligomères de proanthocyanidines (Tuckmantel et coll., 1999).

I.6.2 Estérification par des alcools aliphatiques

Une méthode mise au point par Morris et Riemenschneider (1946) pour préparer des esters d'acide gallique et d'alcools à longue chaîne carbonée consistait à protéger d'abord les groupements hydroxyle de l'acide gallique par tribenzylation. Puis un chlorure de cet acide tribenzylé était préparé pour être estérifié alternativement avec différents alcools (C_6, C_8, C_{12}, C_{14}, C_{16} ou C_{18}). L'ester tribenzylé était ensuite débenzylé. Les produits purs ont été obtenus avec de bons rendements. De même, une procédure d'estérification directe de l'acide gallique avec des alcools aliphatiques (C_8, C_{12}, C_{14}, C_{16}, C_{18} ou octadécenyle) a été effectuée lentement à reflux dans de l'anisol et du nitrobenzène en présence d'acide naphtalène-β-sulfonique. Les rendements en produits purs variaient de 10 à 58% (Ault et coll., 1947).

Suivant la méthode de Morris et Riemenschneider, Van der Kerk et coll. (1951) ont synthétisé des esters de n-hexyle, n-décyle, n-lauryle et de n-cyclohexyle d'acide gallique (rendements de 20 à 62%). Ces auteurs ont réalisé également des préparations d'acide gallique et d'alcools (C_7 à C_{11}, C_{12}, C_{14}, C_{16} et n-undécenyle) conformément à la procédure de Ault et coll. (1947), avec des rendements de 49 à 87 %.

D'autres protocoles visant à conférer une lipophilie aux antioxydants phénoliques se sont également illustrés à travers des estérifications sur des antioxydants synthétiques. Afin de rendre ces derniers efficaces aux températures de friture intense et de cuisson, un mélange de tert-butylhydroquinone (TBHQ) et de n-laurylalcool a été agité et chauffé à reflux en présence d'un catalyseur, l'acide phosphorique. Les produits, deux isomères de lauryl-TBHQ (LTBHQ) éthérifiés en position 5 ou 6, ont été isolés. Au-delà de 140 °C, l'activité antioxydante de LTBHQ et du lauryl tert-butylquinone était supérieure à celle du TBHQ (Zhang et coll., 2004).

I.6.3 Réactions de Friedel-Crafts

Friedel et Crafts ont développé en 1877 des réactions de type substitution électrophile aromatique au cours desquelles un cycle benzénique est alkylé ou acylé en présence d'un acide de Lewis, comme catalyseur. Les acides de Lewis couramment utilisés sont AlX_3 (avec X = Br, Cl, I), SbF_5 ou $ZnCl_2$. L'alkylation de Friedel-Crafts est une réaction d'un halogénure d'alkyle R-X et d'un composé aromatique, conduisant le groupement alkyle à se substituer à l'un des atomes d'hydrogène du composé aromatique. Quant à l'acylation de Friedel-Crafts, c'est une réaction d'un halogénure d'acyle RCOX ou d'un anhydride d'acyle et d'un composé aromatique, conduisant le groupement acyle à se substituer à l'un des atomes d'hydrogène de ce composé (figure I.18).

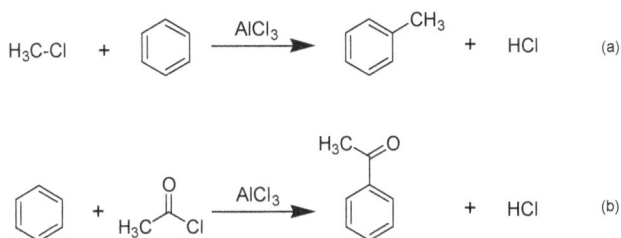

Figure I.18. Illustration schématique des réactions de Friedel-Crafts : alkylation avec un chlorure de méthyle (a) et acylation avec un chlorure d'acétyle (b) effectuées sur un cycle benzénique en présence de l'acide de Lewis AlCl₃.

Ces réactions pourraient se montrer intéressantes dans notre contexte car les greffages s'opèrent au niveau des atomes d'hydrogène et épargnent donc les groupements OH importants pour les propriétés antioxydantes. Ces méthodes ont notamment été réalisées pour les composés aromatiques peu ou non substitués, le phénol en particulier (Ralston et coll., 1940 ; Kamitori et coll., 1984).

I.6.4 Réactions de couplage par cyclisation

Le flavan-3-ol présente une structure pouvant rendre possible certaines réactions régiosélectives de cyclisation qui permettent d'incorporer un motif carboné. C'est notamment le cas de la réaction oxa-Pictet-Spengler, mais aussi du greffage d'un motif approprié sur le cycle A de la catéchine par une séquence synthétique faisant intervenir un réarrangement diénone-phénol suivie d'une réaction de couplage de type Michael.

a) Réaction oxa-Pictet-Spengler

Pictet et Spengler (1911) ont proposé une réaction de cyclisation d'une β-aryléthylamine après condensation avec un aldéhyde, en présence d'un catalyseur acide. Leur réaction originale concernait la β-phénéthylamine et le diméthylacétal du formaldéhyde en présence d'acide chlorhydrique (figure I.19).

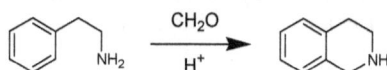

Figure I.19. La réaction de Pictet-Spengler.

Une variante de cette réaction avec comme hétéroatome O au lieu de N a été proposée par Kametani et coll. (1975) et est maintenant connue sous le nom d'oxa-Pictet-Spengler (Wûnsch et Zott, 1992). Dans cette réaction, un composé comme le 2-phényléthanol réagit avec un aldéhyde ou une cétone pour donner un isochromane. La réaction avait lieu à haute température et en présence de HCl gazeux et chlorure de zinc comme catalyseur de Friedel et Crafts. Guiso et coll. (2001), avec le 2-(3',4'-dihydroxy)phényléthanol comme substrat de départ, ont effectué la réaction avec divers aldéhydes et cétones dans des conditions plus douces : en présence d'acide p-toluènesulfonique à 4°C pendant 24 à 48 h ou d'acide oléique à 21°C pendant une semaine. Fukuhara et coll. (2002) ont réalisé la réaction oxa-Pictet-Spengler en présence de $BF_3.Et_2O$ comme catalyseur acide, pendant 3h à température ambiante, avec la catéchine et l'acétone ou d'autres cétones (Hakamata et coll., 2006). Ces auteurs ont en outre rapporté des mesures des propriétés antioxydantes augmentées à la suite de ces modifications qui ne touchent aucun des groupements hydroxyle dont dépendent ces propriétés. Si on se réfère à l'étude de Guiso et coll. (2001) concernant le 2-(3',4'-dihydroxy)phényléthanol (ou hydroxytyrosol), motif intégré dans la structure de la catéchine, le mécanisme de cette réaction peut être schématisé comme sur la figure I.20.

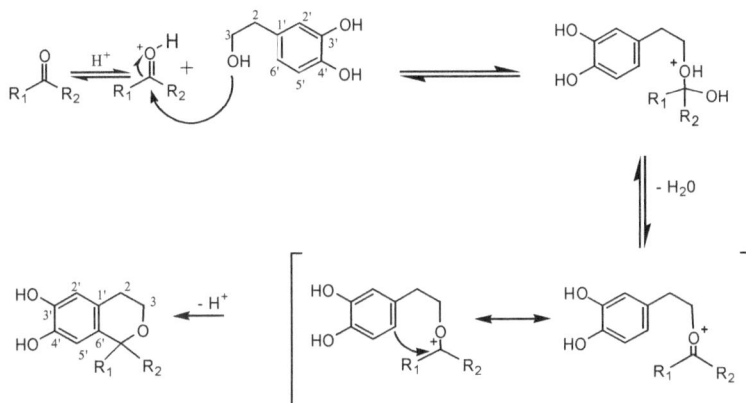

Figure I.20. Schéma du mécanisme réactionnel du couplage oxa-Pictet-Spengler d'une cétone ou un aldéhyde avec le 2-(3',4'-dihydroxy)phényléthanol.

Autrement dit, la réaction d'un composé carbonylé avec l'hydroxytyrosol, en présence d'un catalyseur acide, donne lieu premièrement à la formation d'une liaison hémiacétalique entre le groupement hydroxyle en position 3 et la fonction carbonyle de la cétone ou de l'aldéhyde. Ensuite l'intermédiaire hémiacétalique perd une molécule d'eau, ce qui provoque, à partir du carbone de la fonction carbonyle, la fermeture d'un cycle à 6 atomes, donnant ainsi naissance à un dérivé de l'hydroxytyrosol.

b) Greffage régiosélectif de phénylpropanoïdes substitués sur le flavan-3-ol

Awale et coll. (2002) ont réalisé, dans des conditions douces et faciles, le greffage d'un motif approprié sur le cycle A du flavan-3-ol par une séquence synthétique faisant intervenir un réarrangement diénone-phénol suivie d'une réaction de couplage de type Michael (figure I.21).

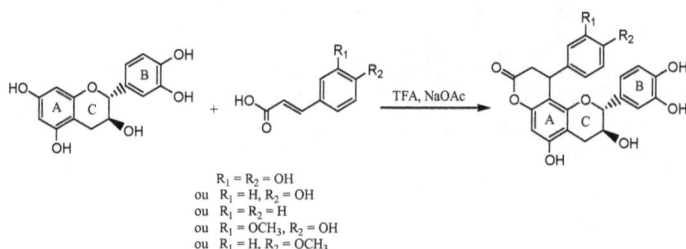

$$R_1 = R_2 = OH$$
$$\text{ou } R_1 = H, R_2 = OH$$
$$\text{ou } R_1 = R_2 = H$$
$$\text{ou } R_1 = OCH_3, R_2 = OH$$
$$\text{ou } R_1 = H, R_2 = OCH_3$$

Figure I.21. Schéma d'une synthèse régiosélective entre le flavan-3-ol et des phénylpropanoïdes substitués, selon un réarrangement diénone-phénol suivie d'une réaction de couplage de type Michael.

C'est une approche qui semble effectivement pertinente. Mais on peut voir un inconvénient dans le fait que ce greffage régiosélectif s'opère au niveau du groupement OH en position 7 qui a une importance non négligeable dans les propriétés antioxydantes. Les groupements OH benzéniques du phénylpropanoïde étaient au préalable substitués par des groupements méthoxy au moyen d'une estérification. Un greffage du phénylpropanoïde substitué, catalysé par l'acide trifluoroacétique (TFA) et l'acétate de sodium, était ensuite réalisé sur le flavan-3-ol, sur l'épicatéchine ou sur la gallocatéchine. Un rendement de synthèse excellent n'était obtenu que lorsque le phénylpropanoïde n'était pas substitué et lorsque le solvant de synthèse était un mélange de tétrahydrofurane et de benzène.

Par cette méthode, une substitution de groupements acétate d'alkyle plus longs sur le phénylpropanïde pourrait être envisagée afin de rendre conséquemment moins polaire le composé flavanique sur lequel doit être greffé ce motif.

I.6.5 Couplage avec des composés azotés

Des amides d'acide mandélique aromatique polyhydroxylé ont été synthétisés par condensation, d'une part d'esters N-succinimidyle d'acide 3,4-dihydroxymandélique ou 4-hydroxy-3-méthoxymandélique et, d'autre part, d'hydrochlorures de phénéthyle d'ammonium (Ley et Bertram, 2001). Les intéressants rendements de synthèse et pouvoirs antioxydants observés pour ces produits nous amènent à considérer cette réaction comme une technique potentielle de greffage d'une chaîne aliphatique. Par ailleurs, Ley et Bertram (2003) ont lipophilisé l'acide 3,4-dihydroxymandélique en le couplant à l'hexylamine, à la 2-éthylhexylamine, à l'octylamine ou à la cyclohexylamine. Ils ont obtenu des amides de type 2-(3,4-dihydroxyphényl)-N-alkyl-2-hydroxyacétique, les groupements alkyle étant respectivement l'hexyle, le 2-éthylhexyle, l'octyle et le cyclohexyle. Par la suite, le test avec le DPPH en particulier a révélé, pour ces dérivés, une activité antioxydante supérieure à celle de la vitamine C, de la vitamine E, du BHA et du BHT.

Kwak et coll (2006) ont synthétisé des N-alkylhydroxychromane carboxamides à travers une hydrogénation de l'acide hydroxychromène carboxylique suivie d'une amidation avec des alkyle amines primaires. Ces auteurs ont relevé de bonnes propriétés antioxydantes pour les dérivés obtenus.

Une synthèse visant à réduire l'hydrophilie de l'acide ascorbique (vitamine C) a consisté à faire réagir ce dernier, pendant 4 heures et à température ambiante, avec une amine grasse de taille variable (Mounanga et coll., 2008). A côté de l'obtention de sels d'acide ascorbique de l'amine grasse, une autre issue indiquée pour cette synthèse est une ouverture du cycle de la structure lactone dont l'extrémité libérée se greffe à l'atome d'azote de l'amine grasse. Les amines utilisées étaient l'octylamine, la dodécylamine, l'hexadécylamine et l'octadécylamine. En outre, pour l'obtention de tensioactifs dérivés de sel d'acide ascorbique avec une chaîne associée au motif éthylènediamine, des étapes intermédiaires ont conduit, dans un premier temps, à réaliser un couplage sélectif de l'éthylènediamine avec du chlorure de triphénylméthane dont le protocole a été inspiré par les travaux de Malgesini (2003). Ensuite, la N-triphénylméthyléthylènediamine obtenue a été couplée avec un acide gras de longueur variable (C_8, C_{10} ou C_{12}), à température ambiante (Mounanga, 2008).

I.6.6 Modification photochimique

Outre les méthodes précédemment parcourues, notons qu'il existe également d'autres outils visant le même objectif d'hydrophobation de composés phénoliques antioxydants ou apparentés. C'est le cas de la photochimie, au moyen de laquelle le phénol et certains de ses dérivés monosubstitués ont notamment été acylés en *o*-acétylphénols par le 1,1,1,-trichloroéthane (Galindo et coll., 1996). De même, dans une approche générale de synthèse d'esters de l'acide salicylique et d'amides par acylation photochimique, la 2-phényl-benzo[1,3]dioxin-4-one (très proche de la structure de base des flavanones, l'atome de carbone en position 3 étant remplacé par un oxygène) a été greffée entre autres au 4-hydroxy-3,3-diméthylhept-6-ène-2-one avec un excellent rendement (Soltani et De Brabander, 2005).

Des modifications par amination photochimique existent aussi. Nous citons par exemple une réaction régiosélective sur un site phénolique des composés 1-(acylamino)anthraquinones. En effet, ces derniers ont réagi avec des amines aliphatiques primaires dans du benzène pour donner des 1-(acylamino)-4-(alkylamino)anthraquinones avec des rendements modérés (Yoshida et coll., 1984).

I.6.7 Estérification enzymatique

Un autre outil de synthèse utilisé est la voie enzymatique dont la régiosélectivité est très appréciée. Sakai et coll. (1994) ont élaboré des catéchines acylées en position 3 grâce à des transestérifications par procédé enzymatique. Ces auteurs ont utilisé l'enzyme carboxylestérase pour monoestérifier des catéchines avec différents dérivés acylés. Par exemple, ils ont obtenu une catéchine-3-O-acétylée ou une catéchine propionylée, avec des taux de conversion modestes. Les taux de conversion devenaient plus faibles lorsqu'il s'agissait d'obtenir du propionyle ou du butyryle d'épigallocatéchine. Par rapport à ces données, il est apparu évident que les taux de conversion de ces réactions sont au mieux très modestes même lorsque des courtes chaînes de greffage sont impliquées, en dépit d'une excellente conservation des propriétés antioxydantes qui a été rapportée. D'autres travaux ont porté sur l'estérification de la vitamine C par l'acide palmitique ou par le palmitate de méthyle, ce qui a conduit à l'obtention de l'acide palmitoyl-6-O-ascorbique avec des rendements variables selon l'origine de la lipase utilisée et selon les auteurs (Humeau et coll., 1995 ; Bradoo et coll., 1999 ; An et coll., 2001). De même, la synthèse d'un oléate d'ascorbyle a été effectuée avec un rendement variable (Daridon, 2004). Toujours dans ce contexte de réactions à l'aide d'acides gras, figure aussi l'estérification du 2-(3',4'-dihydroxy)phényléthanol, mais aussi de l'alcool 3,5-di-tert-butyl-4-hydroxybenzylique par l'acide octanoïque (Lopez-Giraldo et coll., 2007). Enfin, nous notons la possibilité de modification portée sur des sucres auxquels sont naturellement estérifiés certains antioxydants comme les flavonoïdes. A titre d'exemple, citons Kontogiani et coll. (2001, 2003) qui ont estérifié avec des acides gras à chaîne moyenne (C_8, C_{10}, C_{12}) d'une part la naringine (naringénine-2-O-rhamnosylglucose) et, d'autre part, la rutine (quercétine-3-O-rhamnosylglucose).

Sous l'influence de lipases, des estérifications par des alcools gras (C_4 à C_{18}) ont été également réalisées en ce qui concerne les acides phénoliques issus du café vert et les acides chlorogéniques dont l'acide 5-caféoylquinique (Guyot et coll., 1997 ; Figueroa-Espinoza et Villeneuve, 2005 ; Lopez-Giraldo et coll., 2007). Les rendements étaient variables suivant le substrat utilisé et les réactions étaient lentes dans l'ensemble, pouvant même durer 30 jours quelques fois.

I.6.8 Conclusion

Des travaux ont été entrepris à plusieurs reprises pour rendre lipophiles des antioxydants phénoliques. Généralement, cela est obtenu par estérification soit d'un acide gras et d'une fonction OH du substrat, soit d'une fonction acide carboxylique du substrat et d'un alcool gras. La première méthode est douteuse en ce qui concerne la conservation des propriétés antioxydantes du phénol, quant à la seconde, elle n'est envisageable que quand une fonction acide carboxylique est disponible sur le phénol. La méthode de Pictet-Spengler, quand elle est applicable, semble bien préférable dans la mesure où elle n'affecte pas les fonctions phénol. Aucune de ces méthodes n'a encore été appliquée à des mélanges naturels complexes de polyphénols, mais les résultats obtenus sur des composés phénoliques dont certains sont proches des constituants des tanins permettent d'espérer des résultats positifs dans le cas d'extraits naturels. Vu les nombreuses vertus des tanins, la transformation de ceux-ci en substances hydrophobes apparaît fort intéressante.

CHAPITRE II

MATÉRIELS ET MÉTHODES

II.1 MÉTHODES ANALYTIQUES

Les échantillons issus des réactions portant sur les molécules modèles ou sur les extraits ont fait l'objet d'une caractérisation grâce aux techniques suivantes afin de vérifier effectivement la réussite ou l'échec des synthèses visées.

II.1.1 Analyses chromatographiques

A l'issue de certaines synthèses, une chromatographie sur couche mince (CCM) (20x20 cm, gel de silice 60 F254, MERCK, Allemagne) a été réalisée pour séparer les principaux types de constituants du produit brut dont nous avons révélé les tâches correspondantes en provoquant l'oxydation de ces dernières par chauffage à l'aide d'un décapeur thermique. Cette approche a pour but de rendre possible la confrontation des positionnements des tâches provenant du substrat initial d'une part et du produit brut d'autre part. L'éluant utilisé était le mélange dichlorométhane / méthanol (6/1, v/v).

La caractérisation de nos produits a également nécessité l'usage d'une autre technique séparative, la chromatographie liquide à haute performance (HPLC). Nos échantillons ont été analysés en chromatographie en phase inverse sur un appareil WATERS dont les composantes sont les suivantes :

Système principal	WATERS Millipore, 2 pompes munies de Têtes analytiques modèles 510 ; mélange à haute pression
Détecteur	UV-Visible à longueur d'onde variable (WATERS, modèle Lambda Max 481)
Injection	boucle de 10 µL, injection manuelle
Programmation des gradients	programmeur WATERS, modèle 680
Acquisition des données	par ordinateur, logiciel Boréal de JMBS-Developpements.

La phase stationnaire de notre système HPLC est matérialisée par un tube en acier 4,6 x 150 mm renfermant un gel de silice sous forme de microsphères (de 5 µm de diamètre) greffées par une chaîne C_{18}. La colonne était à la température du laboratoire.

Les conditions d'élution ont été maintenues identiques pour tous les échantillons dans un souci de confrontation uniforme des résultats correspondants. Ainsi, pour l'analyse, la phase stationnaire a été initialement saturée de solvant A [acide phosphorique en solution aqueuse à 0,2 % (v/v)] et les composés phénoliques ont été élués suivant un gradient de solvant B [acétonitrile 82 % (v/v), acide phosphorique 0,04 %] utilisé par Peng et coll. (2001) pour l'analyse du tanin de pépin de raisin et tel que décrit ci-après.

	acétonitrile
- 0 à 15 min	0 à 15 %
- 15 à 40 min	15 à 16 %
- 40 à 45 min	16 à 17 %
- 45 à 48 min	17 à 43 %
- 48 à 49 min	43 à 52 %
- 49 à 56 min	52 % isocratique
- 56 à 57 min	52 à 43 %
- 57 à 58 min	43 à 17 %
- 58 à 65 min	17 à 0 %

Le débit de l'éluant était de 1 mL/min et la longueur d'onde du détecteur était fixée à 280 nm.

II.1.2 Identifications spectroscopiques

Les structures chimiques des produits obtenus ont été élucidées, dans une première approche, par Résonance Magnétique Nucléaire (RMN ^{1}H) sur un spectromètre BRUKER AM 400. Les produits ont été analysés en solution dans des solvants deutérés. Nous avons aussi eu recours à une analyse RMN ^{13}C de l'état solide CP/MAS (polarisation croisée / angle magique tournant) sur un spectromètre 300 BRUKER MSL à une fréquence de 75,47 MHz et dont les caractéristiques de la manipulation étaient les suivantes :

- Durée d'impulsion de 0,026 s avec un nombre de balayages d'environ 1200

- exécution des spectres avec un temps de relaxation de 5 s, un temps de polarisation croisée de 1 ms et une largeur spectrale de 20 kHz
- fréquence : 5 KHz.

La résolution de tous les spectres obtenus a été rendue possible grâce au logiciel MestRe-C (Mestrelab Research) et les déplacements chimiques étaient exprimés en partie par million (ppm).

La mise en évidence des structures chimiques des composés a, en outre, fait appel à la spectroscopie infrarouge sur un spectromètre PERKIN-ELMER 2000 FTIR. Les solides ont été analysés en dispersion dans le bromure de potassium. Pour cela, environ 2 mg du composé pur ont été intimement broyés avec 150 mg de KBr anhydre. Ce mélange de poudre a été ensuite introduit dans un moule, puis mis sous presse hydraulique (Enerpac), à 400 bars, afin d'obtenir une pastille transparente. Le spectre de cette dernière était mesuré entre 400 et 4000 cm^{-1}, la largeur de fente spectrale étant de 2 cm^{-1}.

A côté des caractérisations structurales évoquées ci-dessus, une mesure des températures de fusion (PF) a aussi été réalisée à l'aide d'un appareil BUCHI Melting Point B-540.

II.2 MESURE DU POUVOIR ANTIOXYDANT

II.2.1 Inhibition de l'oxydation induite du linoléate de méthyle

Il existe de nombreuses méthodes de mesure de l'activité antioxydante (Diouf et coll., 2006). Nous en avons utilisé deux. L'activité antioxydante d'une substance peut se mesurer par sa capacité à inhiber l'oxydation d'un composé choisi comme référence. Le composé retenu pour cette étude est un acide gras polyinsaturé, le linoléate de méthyle (LH), qui est très sensible à l'oxygène moléculaire du fait de la présence d'atomes d'hydrogène (en C_{11}) en position α par rapport à deux liaisons doubles. LH s'oxyde lentement à l'air et à température ambiante. Cette oxydation peut cependant être accélérée notablement en l'effectuant à une température plus élevée et avec un amorceur radicalaire tel que l'azobis-isobutyronitrile (AIBN), favorisant l'oxydation en chaîne. Le schéma cinétique de l'oxydation est celui décrit sur la figure II.1.

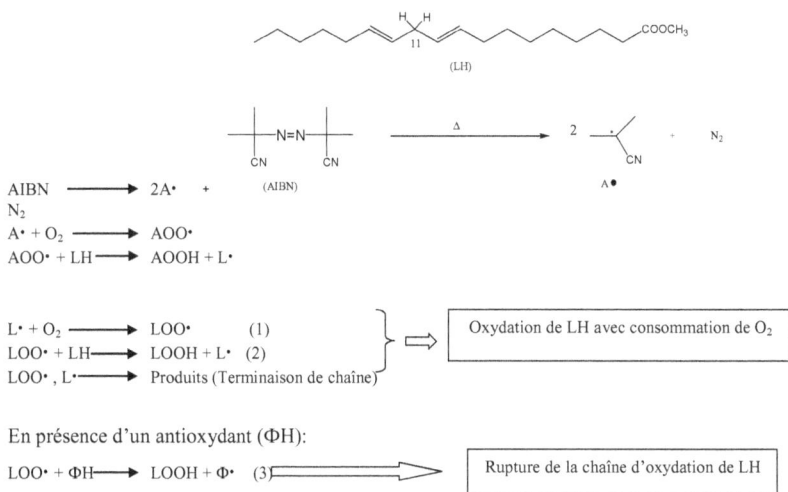

Figure II.1. Mécanisme d'action des substances antioxydantes sur l'oxydation du linoléate de méthyle.

En présence ou en l'absence d'antioxydant, la réaction d'oxydation est amorcée par la décomposition de l'AIBN qui entraîne la formation du radical libre L·, lequel assure la propagation de l'oxydation de LH avec consommation de O_2 dans le processus (1), puis la formation des produits d'oxydation LOOH dans le processus (2). En présence d'un antioxydant ΦH, le processus d'oxydation (2) se trouve en compétition avec le processus (3) qui, si le radical $\Phi\cdot$ formé est stable, inhibe la réaction globale d'oxydation. Ce radical $\Phi\cdot$ ne réagira alors que dans le processus de terminaison des chaînes.

II.2.1.1 Dispositif expérimental

Le matériel utilisé ici pour cette analyse était un système en verre borosilicaté composé d'une station de vide et de stockage d'oxygène d'une part, et d'une partie réaction d'autre part (figure II.2).

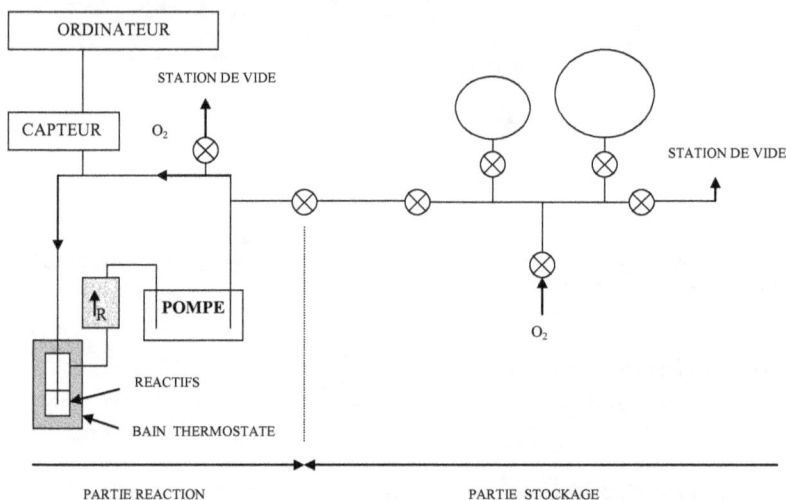

Figure II.2. Schéma du montage expérimental du suivi de l'inhibition de l'oxydation du linoléate de méthyle induite par l'AIBN. *R : réfrigérant.*

La réaction d'oxydation se déroulait dans une enceinte Pyrex à double enveloppe thermostatée. Un tube capillaire plonge dans le réacteur pour assurer, par l'intermédiaire d'une pompe étanche, l'agitation et la saturation en oxygène de la phase liquide (solvant contenant les réactifs). Un réfrigérant à 4°C surmontait le réacteur pour condenser le solvant. La phase liquide présentait un volume de 4 cm^3, et la phase gazeuse 100 cm^3 environ. La consommation d'oxygène était suivie expérimentalement par mesure de la pression surmontant le mélange réactionnel dont l'acquisition était faite par ordinateur. Précisons que l'azote libéré par l'azobis-isobutyronitrile (AIBN) étant en très faible quantité, la pression mesurée est pratiquement celle de l'oxygène.

Concernant le solvant utilisé, le butan-1-ol, notons que la pression de vapeur saturante qu'il génère est suffisamment faible pour éviter des condensations incontrôlées dans l'appareillage.

II.2.1.2 Méthodes de mesure de l'inhibition de l'oxydation induite de LH

Deux méthodes existent pour évaluer l'activité antioxydante. L'une d'elles, la méthode dite d'Emanuel, notamment utilisée par Rousseau-Richard (1986), consiste à déterminer la période d'inhibition τ : c'est le temps pendant lequel l'oxydation est inhibée et au bout duquel la vitesse d'oxydation atteint la valeur qu'elle aurait eue initialement en l'absence d'antioxydant. La seconde méthode consiste à mesurer la vitesse d'oxydation pendant la période d'inhibition. La détermination des paramètres de ces deux méthodes est délicate et souvent très difficilement réalisable.

En ce qui nous concerne, nous avons utilisé une troisième méthode. L'activité antioxydante (AAO) a été définie en comparant la consommation d'oxygène en un temps donné en présence des composés phénoliques (molécules modèles et extraits) par rapport à la consommation d'oxygène en absence de ces composés. Ceci est illustré sur la figure II.3.

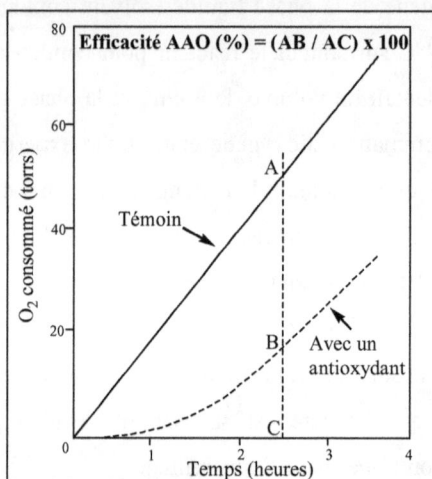

Figure II.3. Méthode de détermination de l'efficacité antioxydante (AAO) d'un composé à travers son influence sur la consommation d'oxygène lors de l'oxydation induite du linoléate de méthyle.

AB représente la différence entre la pression (P) d'oxygène en l'absence de l'antioxydant et celle en présence de l'antioxydant. AC étant la pression en oxygène en l'absence de l'antioxydant. Ces paramètres sont définis à un instant donné de l'oxydation, 2,5 heures dans nos conditions. Nous pouvons donc réécrire la formule du calcul de l'efficacité antioxydante de la manière suivante :

$$\text{AAO (\%)} = \frac{P[O_2]_{2,5h} \text{ en absence de } \Phi OH - P[O_2]_{2,5h} \text{ en présence de } \Phi OH}{P[O_2]_{2,5h} \text{ en absence de } \Phi OH} \cdot 100$$

II.2.1.3 Mode opératoire

La réalisation proprement dite de l'oxydation de LH consistait à effectuer dans le réacteur un mélange réactionnel dont le solvant est le butan-1-ol. Les conditions initiales dans le réacteur, après isolement hermétique de ce dernier, étaient les suivantes : linoléate de méthyle à 0,4 M ; azobis-isobutyronitrile à 9.10^{-3} M ; composé antioxydant à 2.10^{-4} M (soit 0,06 g/L) ou extrait à 0,1 g/L ; pression d'oxygène de 150 Torr. Pour les antioxydants présentant une mauvaise solubilité dans le butanol à température ambiante, ils étaient préalablement dissous, en quantité convenable, dans du méthanol, lequel était ensuite évaporé sous vide dans le réacteur avant l'ajout des autres réactifs.

Le milieu réactionnel était porté à 60°C pendant au moins 2,5 heures. L'évolution de la pression en oxygène au cours du temps, révélatrice de la quantité d'oxygène consommée durant cette oxydation, était enregistrée automatiquement par un système informatisé grâce à un logiciel élaboré au sein du laboratoire.

Apportons une précision quant à notre utilisation, sous deux formes de conditionnement et de pureté, du linoléate de méthyle. Ce dernier a été utilisé sous forme d'un produit pur (Fluka, 99 %), mais aussi principalement sous forme d'un produit moins pur et moins coûteux dénommé Estorob. Celui-ci est une huile végétale contenant, outre le linoléate de méthyle en proportion majoritaire (environ 50 % selon notre analyse par chromatographie en phase gazeuse (chromatographe ThermoQuest Trace GC 2000), de l'oléate de méthyle et du linolénate de méthyle. Dans le but d'éliminer de cette huile son α-tocophérol naturel dont nous avons soupçonné la présence à travers une analyse par CPG et un test d'oxydation induite par l'AIBN qui faisait ressortir initialement une brève période d'inhibition, nous avons distillé cet Estorob sous vide (6 mbars) à l'aide d'un four à boules (cf. annexe I). L'Estorob distillé était ensuite conservé à 0 °C, à l'abri de la lumière et recouvert d'une couche superficielle d'azote.

II.2.2 Réactivité avec le 2,2-diphényl-1-picrylhydrazyle (DPPH)

II.2.2.1 Matériels

L'activité antioxydante des composés phénoliques (ΦOH) est tributaire de la mobilité de l'atome d'hydrogène du groupement hydroxyle. En présence d'un radical libre R·, l'atome H est transféré sur ce dernier alors transformé en une molécule stable RH. L'activité antioxydante peut ainsi être également évaluée en suivant un des réactants par une méthode quelconque. Il se trouve que le DPPH peut être dosé par spectrophotométrie vers 520 nm. On peut, dans ce but, utiliser un spectrophotomètre à écoulement bloqué pour suivre la réaction du radical libre DPPH avec les antioxydants. Cet appareillage est constitué de deux éléments principaux :

- le « Rapid Kinetic Acessory » SFA-11 (HI-TECH Scientific, Salisbury, Angleterre), qui mélange rapidement (< 20 ms) les réactifs dans une cellule de chemin optique 10 mm ou 2 mm, qui se loge dans le compartiment porte-cellule de n'importe quel spectrophotomètre

- le système de détection spectrophotométrique (Spectrophotomètre Lambda 12, Perkin Elmer) qui permet de détecter par absorption UV-visible le DPPH dont l'absorbance est de 520 nm. L'appareil est équipé d'un thermostat à 30 °C pour ces expériences.

Le principe de fonctionnement du dispositif dit « Stopped Flow » se présente de la manière suivante (figure II.4).

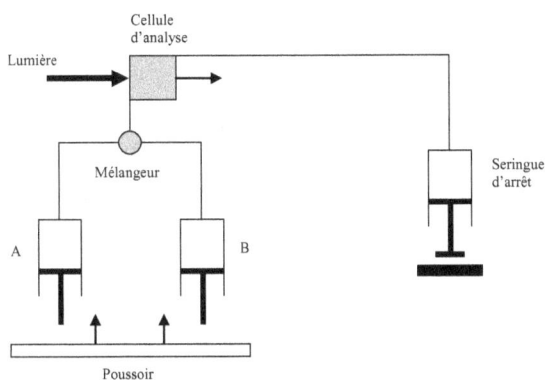

Figure II.4. Schéma du principe de fonctionnement du spectrophotomètre à écoulement bloqué.

Les deux solutions de départ contenues dans des seringues sont poussées par deux pistons actionnés simultanément à la main. Les deux solutions sont d'abord mélangées à l'entrée de la cellule d'observation photométrique et le mélange pousse la seringue d'arrêt. Pendant le remplissage de la seringue d'arrêt, le mélange réactionnel est constamment renouvelé dans la cellule d'observation. Le temps zéro de réaction correspond à l'arrêt brusque du fluide (« Stopped Flow ») quand le piston de la seringue d'arrêt arrive en butée.

II.2.2.2 Méthodes de mesure du pouvoir antioxydant *via* la réactivité avec le DPPH

Pour l'évaluation de l'activité antioxydante, deux points de vue existent. D'une part, la mesure de la constante de vitesse de la réaction, et d'autre part la détermination de la quantité d'antioxydant nécessaire pour consommer 50 % de DPPH.

a) Mesure de la constante de vitesse

C'est la mesure de la constante de vitesse de la réaction d'un grand excès de l'antioxydant (ΦOH) avec le DPPH afin de se placer dans des conditions de réaction de pseudo ordre 1 pour mesurer aisément la constante de vitesse :

$$\text{DPPH}\cdot + \Phi\text{OH} \quad \rightarrow \quad \text{DPPH2} + \Phi\text{O}\cdot$$

Pour s'affranchir de l'incertitude sur la valeur absolue de l'absorbance, nous avons utilisé la méthode de Guggenheim (cf. annexe II) qui consiste à utiliser des points de mesure à des intervalles T constants permettant de mesurer la constante de vitesse k selon la relation :

$$\ln (A_t - A_{t+T}) = - kt$$

A_t étant l'absorbance à un instant t et T étant égal à environ deux fois la demi-vie du DPPH. Nous illustrons la détermination de ces données, en particulier la pente k de la droite résultante, sur la figure II.5 concernant le cas d'un dérivé de la catéchine.

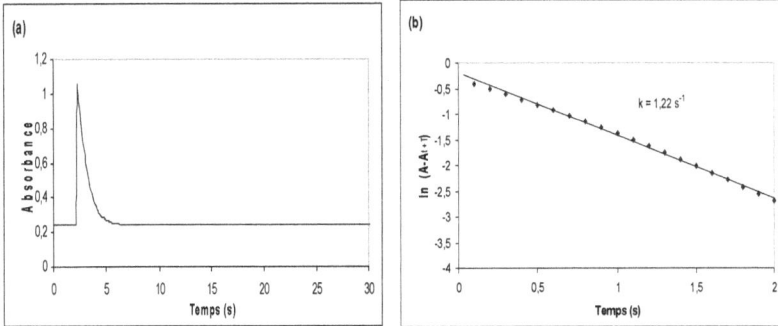

Figure II.5. Evolution de l'absorbance à 520 nm du DPPH 10^{-4} M réagissant avec un dérivé de la catéchine $1,1.10^{-2}$ M (a) et transformée de Guggenheim (b).

Le pouvoir antioxydant d'un composé est d'autant plus élevé que sa constante de vitesse est grande.

La réaction a été étudiée en faisant réagir, dans le méthanol, le DPPH $1,0.10^{-4}$ M avec la catéchine ou un de ses dérivés $1,1.10^{-2}$ M (concentrations réelles après mélange). Ces mesures ont été réalisées uniquement pour la catéchine et son dérivé issu du couplage avec l'acétone (dérivé dont le mode de purification est celui d'une chromatographie sur gel de silice).

b) Détermination de la concentration efficace en composé phénolique telle que 50 % du DPPH ait réagi (CE_{50})

Lorsqu'on effectue la réaction entre le DPPH et un antioxydant donneur d'hydrogène, on constate que la réaction atteint un équilibre au bout d'un temps assez court. On peut se placer dans des conditions telles que $[DPPH]_0$ soit du même ordre de grandeur que $[\Phi OH]_0$ dont on fait varier la concentration afin de déterminer celle qui correspond à une disparition de 50 % de DPPH à l'équilibre.

Pour un composé donné à différentes concentrations, nous effectuons plusieurs mesures à la longueur d'onde du DPPH dont on fixe la concentration à $1,0.10^{-4}$ M. Puis nous traçons l'absorbance en fonction de la concentration en composé phénolique à l'équilibre. Par interpolation, nous déterminons ainsi la concentration en ce composé nécessaire pour obtenir une disparition de 50 % du DPPH à l'équilibre. La figure II.6 illustre cette détermination dans le cas de la catéchine. Le pouvoir antioxydant d'un composé est d'autant plus élevé que son CE_{50} est petit.

Concrètement, nous avons fait réagir, dans le méthanol, le DPPH $1,0.10^{-4}$ M avec la catéchine ou un de ses dérivés à 5.10^{-5}, 2.10^{-5} ou 1.10^{-5} M. Pour ce qui est de l'extrait Seed H ou l'un de ses dérivés, les solutions méthanoliques ont été réalisées à 2, 6, 8 ou 10 mg/L.

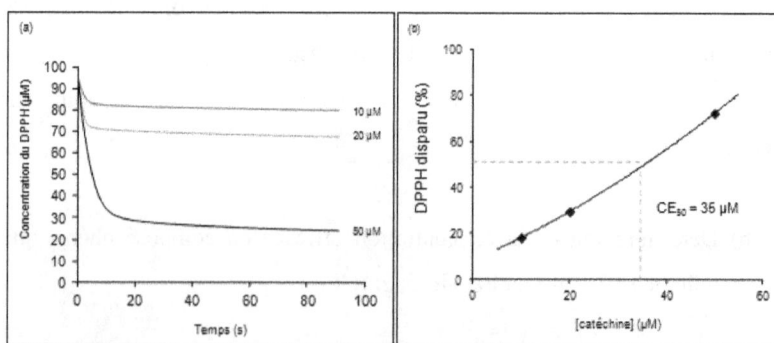

Figure II.6. Suivi de [DPPH] 100 µM réagissant avec la catéchine à différentes concentrations (a) et détermination de CE_{50} (b).

II.3   LIPOPHILIE DES PRODUITS : DÉTERMINATION DE log *P*

II.3.1. Principe de l'analyse

Dans la présente étude, pour évaluer la lipophilie de nos échantillons, nous avons procédé à la détermination du coefficient de partage d'un composé entre l'octanol et l'eau par la méthode dite du flacon agité ou « shake-flask ». Le coefficient de partage *P* d'un composé est défini par le rapport de la concentration dans la phase organique à la concentration dans la phase aqueuse :

$$P = C_{org} / C_{aq}$$

Cependant, pour des raisons de commodité, compte tenu du grand éventail de valeurs de *P*, on utilise plutôt le logarithme décimal log *P*.

Typiquement, cette technique consiste à mélanger un volume d'eau et une quantité connue d'un composé en solution dans l'octanol, puis à mesurer la distribution de ce composé entre les deux phases. Cette mesure peut être rendue possible par lecture d'absorbances révélant les concentrations correspondantes *via* la loi de Beer-Lambert.

On peut se demander si la définition de *P* convient aux extraits, qui sont des mélanges complexes. Pour un composé pur, *P* est le rapport de concentrations molaires ou massiques. Pour un mélange, on peut toujours définir le rapport de concentrations massiques :

Pour chaque constituant i du mélange : $P^i = \dfrac{C^i_{org}}{C^i_{aq}}$

On peut définir P pour l'ensemble du mélange : $P = \dfrac{\sum C^i_{org}}{\sum C^i_{aq}} = \dfrac{\sum C^i_{aq}.P^i}{\sum C^i_{aq}}$

P est alors une moyenne pondérée des coefficients de partage de chacun des constituants de ce mélange. Pour déterminer la concentration d'un extrait, on peut utiliser la loi de Beer-Lambert (avec des concentrations massiques) à condition que sa composition ne varie pas ; c'est le cas lors d'une dilution, mais pas lors d'un partage. Si les constituants principaux de l'extrait ont des coefficients d'extinction massique voisins, alors la mesure par absorption est à peu près correcte. Quoi qu'il en soit, on n'obtient qu'une valeur approchée de P.

II.3.2 Protocole expérimental

II.3.2.1 Détermination des coefficients d'extinction molaire des échantillons

Grâce au spectrophotomètre UV-visible, l'étalonnage de la concentration d'un échantillon dans chaque phase a été établi pour la détermination de son coefficient d'extinction molaire ε_{280} dans la phase organique et/ou ε_{278} dans la phase aqueuse. Nous avons en effet observé que la longueur d'onde d'absorption maximale de la catéchine est 280 nm dans l'octanol et 278 nm dans l'eau. La phase aqueuse était une solution tampon à pH 1,2. Le tampon utilisé était la solution dite de Britton-Robinson (noté BR) obtenue en mélangeant dans une fiole d'un litre 12,5 mL d'acide phosphorique 1 M, 12,5 mL d'acide éthanoïque 1 M et 125 mL d'acide borique 0,1 M, puis en complétant à 1 L avec de l'eau. A ce pH, la dissociation de tous les phénols est négligeable et on mesure le coefficient de partage vrai.

Pour l'étalonnage de la concentration de la catéchine ou d'un de ses dérivés, nous avons réalisé, soit avec de l'octanol, soit avec du tampon BR, des solutions 6.10^{-5} M, $1,2.10^{-4}$ M, $1,8.10^{-4}$ M et $2,4.10^{-4}$ M. La mesure de l'absorbance de ces différentes solutions a été destinée au traçage de courbes d'étalonnage devant ainsi permettre le calcul des coefficients d'extinction molaire correspondants ε_{280} et ε_{278}. Le même protocole a été également appliqué à l'extrait Seed H ou à un de ses dérivés donné mais, cette fois-ci, en disposant des concentrations de 14, 28, 42 et 56 mg/L pour les solutions organiques ou aqueuses. Dans ce cas, le coefficient d'extinction serait alors massique.

II.3.2.2 Etapes relatives aux mesures d'absorbance avant et après partage

Le déroulement de ces opérations est schématisé sur la figure II.7.

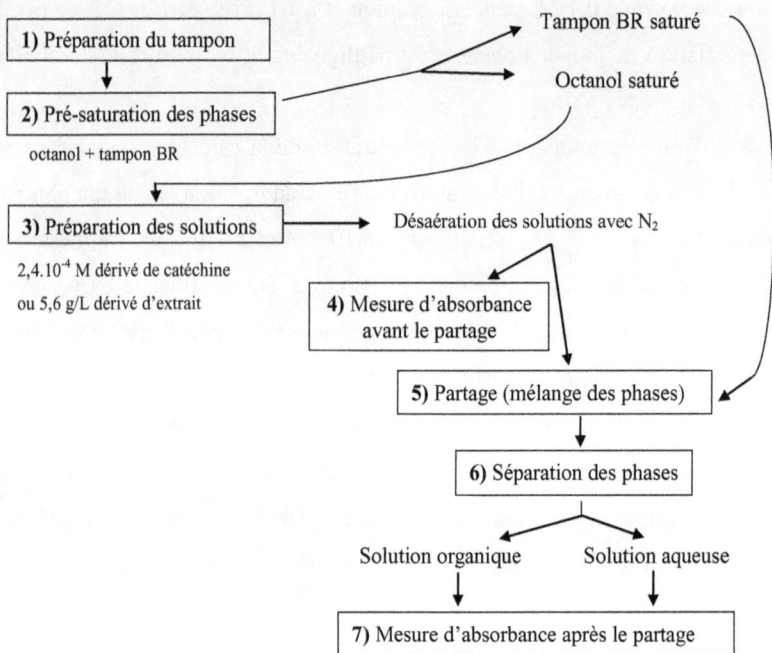

Figure II.7. Schéma illustrant les étapes exécutées dans la méthode
« flacon agité » pour la détermination du log *P*.

La pré-saturation des phases organique et aqueuse est indispensable
afin que les mesures d'absorbance des étalonnages soient faites dans les
mêmes conditions que les mesures après partage et séparation de l'octanol
et de l'eau. Pour ce faire, pendant 1 heure, nous avons mélangé et agité, à
volumes égaux, le tampon BR et l'octan-1-ol. Ensuite, les deux phases ont
été séparées par centrifugation à 1600 g pendant 10 min. La phase
organique superficielle, puis la phase aqueuse ont été prélevées séparément
et délicatement à l'aide de seringues. Chaque volume séparé d'octanol et de
tampon saturés a été finalement stocké pour le partage à venir.

La solution organique était préparée avec de l'octanol saturé : une solution de dérivé de catéchine à $2,4.10^{-4}$ M ou de dérivé d'extrait à 5,6 g/L a été réalisée. Notons que lorsque l'échantillon est très peu soluble dans l'octanol (cas de l'extrait Seed H), c'est avec du tampon BR saturé que la solution était préparée. Dans tous les cas, nous avons, avant tout, désaéré pendant 15 min le tampon BR afin d'atténuer, compte tenu de la forte acidité de ce milieu, une conjugaison de facteurs favorables à une oxydation de nos échantillons dont les propriétés antioxydantes ressortiraient affectées.

Les solutions précédemment préparées étaient soumises à une mesure d'absorbance pour déterminer leur concentration initiale grâce aux étalonnages antérieurement établis.

Le partage était fait après mélange et agitation des phases organique et aqueuse : 20 mL de la solution organique étaient agités avec 20 mL de tampon BR dans des erlenmeyers de 250 mL. Les erlenmeyers étaient placés dans un bain marie à 25 °C incluant une table d'agitation horizontale réglée à 220 révolutions / min, pendant 1 à 3 heures.

Après avoir transféré chaque mélange dans des tubes de 50 mL, les deux phases étaient isolées conformément au protocole de séparation décrit ci-dessus pour la pré-saturation.

Enfin, on lisait l'absorbance de la solution organique à 280 nm et/ou celle de la solution aqueuse à 278 nm selon les cas suivants :

- si la solubilité du composé était correcte dans les deux solvants, la mesure de l'absorbance était faite pour les solutions organique et aqueuse. Deux étalonnages préalablement réalisés pour chaque phase permettent alors d'y doser le composé et de vérifier, en tenant compte de la concentration de la solution organique avant le partage, que le nombre de moles du composé disparu dans une phase se retrouve dans l'autre phase

- si la solubilité est notable uniquement dans la phase aqueuse, un étalonnage préalable pour cette phase permet d'y doser le composé au terme du partage. Connaissant le nombre de moles initial de ce composé avant le partage et celui dosé après le partage, nous déduisons le nombre de moles ayant disparu. Celui-ci n'est autre que le nombre de moles dans la phase organique, ce qui nous permet de calculer la concentration correspondante

- de même, si la solubilité est notable uniquement dans l'octanol, nous y dosons le composé et nous déduisons la concentration de celui-ci dans la phase aqueuse.

II.3.3 Prédictions de log P

Il existe des logiciels de prédiction de log P qui, pour rendre possible cette opération, nécessitent de connaître la formule développée du composé étudié. En ce qui nous concerne, nous avons utilisé, pour l'étude de la catéchine et de ses dérivés, le logiciel ACD/logP (Advanced Chemistry Development, Toronto, Canada) dont l'algorithme est fondé sur des contributions à log P des différents types d'atomes de carbone, de fragments structuraux et d'interactions intramoléculaires. Ces contributions sont issues de données expérimentales concernant plus de 250 000 composés. Cet outil nous a ainsi permis de comparer les valeurs de log P prédites à celles que nous avons mesurées.

A côté des méthodes de détermination de log P par expérimentation ou par prédiction, une autre technique utilisée pour apprécier le caractère lipophile conféré par les greffages a consisté à estimer la solubilité dans l'huile, pour le cas de certains composés estérifiés. Pour cela, dans un volume d'huile de colza, chaque dérivé, tanin estérifié ou gallate de lauryle a été dissout par des ajouts séquentiels de petites quantités jusqu'à atteindre leur saturation mise en évidence par une précipitation visible au fond du tube. La concentration de saturation établie témoigne ainsi de la solubilité du dérivé.

CHAPITRE III

PRÉPARATION DE DÉRIVÉS LIPOPHILES

Avec pour objectif de rendre lipophiles des extraits, plusieurs contraintes étaient à prendre en compte :

- la première de toutes était évidemment de laisser, autant que possible, les fonctions hydroxyle aromatiques libres afin que puisse s'exprimer le caractère antioxydant de ces fonctions, en particuliers celui du motif catéchol. Il était donc difficile d'envisager des réactions de greffage de groupements alkyles ou acyles sur ces motifs à l'aide de réactions d'éthérification, d'estérification ou autre qui en auraient supprimé l'hydrogène labile, si ce n'est dans une stratégie de greffage partiel permettant de trouver un compromis acceptable entre une capacité antioxydante diminuée et une lipophilie grandement améliorée.

- une seconde considération était d'ordre écologique et de respect des principes de la chimie verte avec une restriction du nombre d'étapes de synthèse interdisant les séquences de protection-déprotection, des hydroxyle en particuliers, ainsi que l'utilisation préférentielle de réactifs relativement peu élaborés. En corollaire, les produits secondaires se devaient de montrer une toxicité la plus faible possible, une étape de purification étant, non seulement peu souhaitable pour des raisons de coûts environnemental et financier, mais surtout bien souvent difficilement réalisable sur un mélange d'extraits complexe. Enfin, des réactions ne nécessitant que peu ou pas de chauffage étaient à privilégier.

Nous avons donc sélectionné des réactions régiosélectives du seul hydroxyle aliphatique et des carbones aromatiques non substitués des tanins catéchiques ainsi que de la fonction acide carboxylique des tanins hydrolysables. Sans ignorer certaines contraintes précédemment évoquées, nous avons retenu une méthode d'estérification par un acide gras (C_{18}) dont les conditions expérimentales sont susceptibles d'être compatibles avec le souhait d'un compromis entre des propriétés antioxydantes moyennement diminuées et une lipophilie considérablement améliorée. Une autre estérification que nous proposons est celle par un alcool gras (C_{12}) dont la réaction est portée sur une fonction carboxylique du substrat, épargnant ainsi les groupements hydroxyle et partant les propriétés antioxydantes. Sachant qu'au sein des tanins hydrolysables les fonctions carboxyliques des monomères d'acide gallique sont rarement libres, le recours à cette technique est à inscrire davantage dans une perspective d'hydrolyse préalable de tanins hydrolysables, puis d'estérification des monomères et oligomères qui en résulteraient. Enfin, nous avons aussi opté pour une alkylation de Friedel-Crafts afin d'obtenir des phénols encombrés intéressants.

Dans un premier temps, ces transformations ont été appliquées à des substrats modèles afin de valider leur utilisation sur des structures beaucoup plus simples que les extraits, autorisant de ce fait de meilleures caractérisations par les méthodes spectroscopiques classiques (en synthèse organique). Le phénol, le catéchol, l'acide gallique et la catéchine ont donc été utilisés à cet effet afin de tester les différentes approches possibles.

Les méthodes de synthèse sélectionnées ont été réalisées de la manière suivante, les détails des protocoles étant en annexe III.

III.1 ALKYLATION DES NOYAUX AROMATIQUES

Nous avons tout d'abord essayé la procédure proposée par Kamitori et coll. (1984), consistant à alkyler du phénol par chauffage à reflux de bromure de *tertio*-butyle (*t*-BuBr) dissous dans du chlorure de méthylène, en présence de gel de silice, préalablement activée par séchage sous vide, comme catalyseur. Selon ces auteurs, au terme d'une telle réaction, le produit peut être un mélange de phénols mono-, di- et tri-*tertio*-butylés (figure III.1).

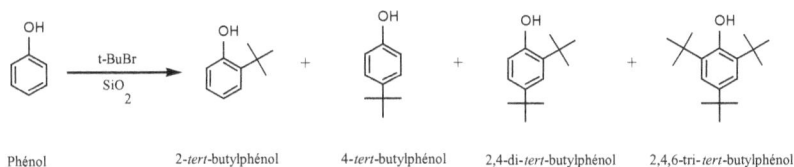

Phénol   2-*tert*-butylphénol   4-*tert*-butylphénol   2,4-di-*tert*-butylphénol   2,4,6-tri-*tert*-butylphénol

Figure III.1. Illustration schématique de la réaction de *tert*-butylation du phénol.

Pour des raisons de simplicité d'analyse RMN et IR à venir, la prédominance d'une espèce donnée par rapport aux autres formes a été favorisée en faisant varier les conditions opératoires, à savoir la nature du solvant, la durée de la réaction et le nombre d'équivalents de *t*-BuBr et de SiO_2 utilisés. En résumé, nous nous sommes placés dans les deux cas de figure :

	Phénol (mmol)	*t*-BuBr (mol)	SiO_2 (g)	Solvant	Temps de réaction (h)	Phénols substitués majoritaires
1er cas	2	4	1	CH_2Cl_2	24	mono-*t*-butylés
2ème cas	2	12	2	CCl_4	40	di-*t*-butylés

Les produits obtenus ont fait l'objet d'une analyse RMN ^{1}H (annexe III). Conformément à la littérature (Kamitori et coll., 1984), le premier cas a débouché sur un mélange contenant les formes 2-*tert*-butyl, 4-*tert*-butyl et 2,4 di-*tert*-butylphénols auxquels nous assignons respectivement les abréviations 2tB, 4tB et 2,4tB. De même, l'issue du deuxième cas a été un mélange de 4-*tert*-butyl, 2,4 di-*tert*-butyl et 2,4,6 tri-*tert*-butylphénols (4tB, 2,4tB et 2,4,6tB). Les pourcentages de chaque forme substituée ont été révélés par intégration des pics auxquels est attribué leur groupe *tertio*-butyle (9H). Ainsi dans le tableau III.1, nous présentons les rendements de synthèse de chaque forme et leurs pourcentages, à côté de ceux de la littérature avec laquelle ils sont en accord.

Tableau III.1. Proportions et rendements des formes substituées du phénol après son alkylation au *tertio*-butyle. Les proportions relatives à la littérature sont aussi présentées.

	Masse	Formes	Proportions (%)		Rendement
	(g)	obtenues	nos valeurs	littérature	(%)
Produit 1er cas	0,30	2tB et 4tB	94	90	91
		2,4tB	6	10	6
Produit 2ème cas	0,27	4tB	21	35	14
		2,4tB	73	61	49
		2,4,6tB	6	4	4

L'existence de phénols *tert*-butylés a été confirmée par une analyse infrarouge.

Ce protocole a été ensuite appliqué à la catéchine et à l'acide gallique. Cependant, il n'a pas été possible pour ces deux structures d'isoler ou de mettre en évidence la formation des produits attendus, probablement du fait d'un trop fort encombrement des sites réactionnels, alors que les effets électroniques favorables dus à la substitution des cycles étaient attendus, au moins sur le cycle A de la catéchine.

Des tentatives de *tert*-butylation du tanin de québracho, menées dans des conditions similaires, n'ont pas rencontré plus de succès. Enfin, nous avons tenté de greffer sur ce tanin un motif moins encombré qu'un *tert*-butyle, à savoir un groupement acétyle *via* une réaction d'acylation qui n'a pas non plus abouti.

III.2 ESTÉRIFICATION PAR L'ACIDE STÉARIQUE

III.2.1 Estérification du catéchol et de la catéchine

Nous avons essayé un protocole d'estérification par le chlorure d'acide stéarique, inspiré des travaux de Ma et coll. (2001) concernant l'acide tannique. Dans un premier temps, cette estérification a été effectuée sur le catéchol (ou 1,2-benzènediol) qui est un motif intégré dans la structure de la catéchine. Pour avoir le chlorure d'acide gras en défaut, nous avons fait réagir mole à mole, à reflux de dioxane, le catéchol avec le chlorure d'acide stéarique, en présence d'acide para-toluènesulfonique (APTS) comme catalyseur, comme stipulé de manière assez surprenante dans la publication. La réaction est illustrée sur la figure III.2.

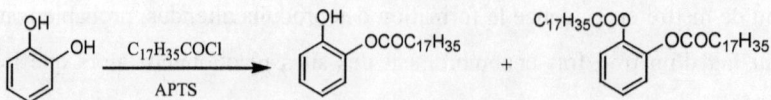

Figure III.2. Estérification du catéchol par le chlorure d'acide stéarique.

Une analyse infrarouge du produit obtenu a été réalisée (figure III.3).

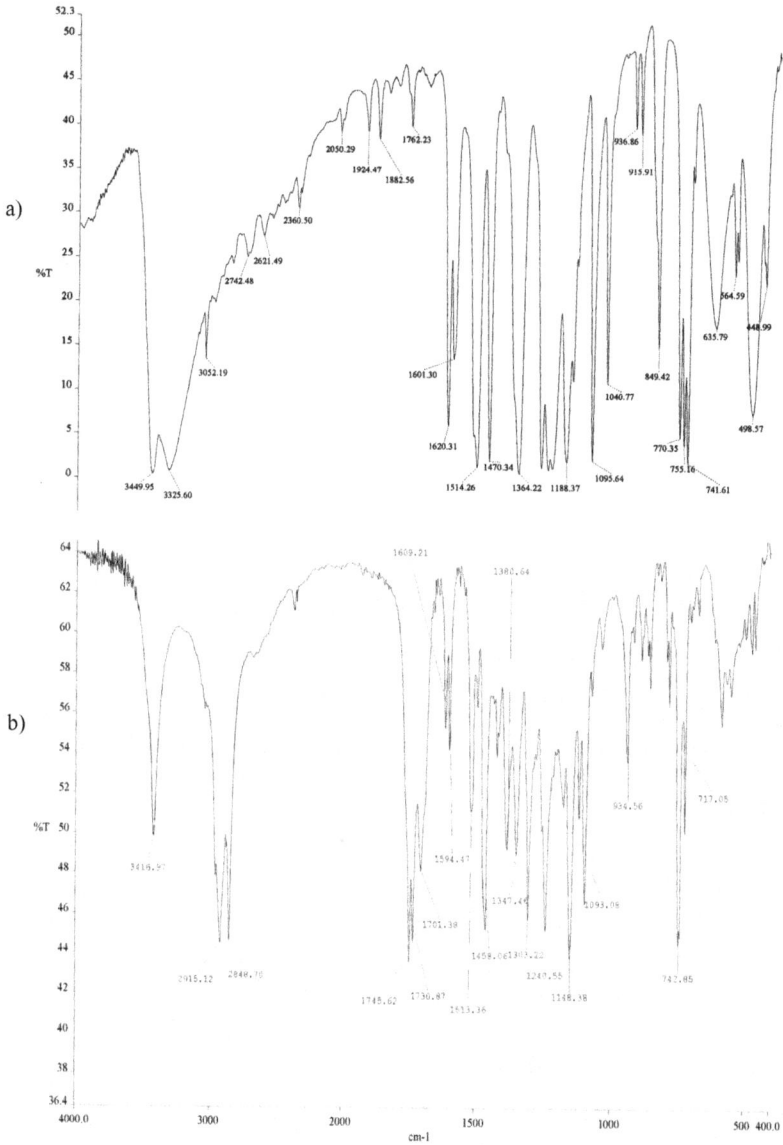

Figure III.3. Spectres IR du catéchol (a) et de son dérivé (b) issu de l'estérification par l'acide stéarique.

Selon la figure III.3, par à rapport au spectre du catéchol initial, celui du produit d'estérification du catéchol indique bien l'existence d'une nouvelle bande à 1745 cm^{-1} synonyme de la présence d'un ester. Nous notons également l'apparition d'une bande à 2915 cm^{-1} attribuée à un motif aliphatique, le signal dû à la présence des groupements OH à 3449 cm^{-1} voyant son intensité diminuée.

Obtenant un mélange de catéchols mono- et di-acylés (cf. figure III.2), nous déterminons, pour la chaîne –COC$_{17}$H$_{35}$ greffée, un nombre de mmole égal à 10,97, soit 0,6 greffon / catéchol. Et sachant que, lors de la purification, les lavages basique et aqueux ont éventuellement entraîné une perte quantitative de stéarates de catéchol, nous pensons donc que nous avons probablement obtenu plus que 0,6 greffon / catéchol.

Dans un second temps, ce protocole a été appliqué à la catéchine mais n'a conduit qu'à un gain de masse de 7 %. De plus, l'analyse du produit n'a pas montré la présence d'un ester. Ce résultat cumulé à la faible quantité de résidu obtenu nous indiquait donc l'échec de cette approche. Le greffage n'a pas eu lieu et la quasi-totalité des réactifs auraient été éliminés lors des lavages pour ainsi justifier cette faible quantité. Compte tenu de la réussite précédente avec le catéchol qui est un motif intégré dans la structure de la catéchine et du fait que les groupements hydroxyle de la catéchine semblent assez accessibles et favorables à ce type d'estérification, nous avons choisi d'ignorer ce mauvais résultat et décidé d'appliquer cette réaction aux tanins.

III.2.2 Estérification des tanins par l'acide stéarique

Elle s'opère au niveau de n'importe lequel des groupements hydroxyle du composé, nous l'avons donc utilisé aussi bien pour les tanins hydrolysables que pour les tanins condensés. Concernant certains extraits dont nous disposons, nous rappelons que ceux de châtaignier et de chêne sont majoritairement des tanins hydrolysables (Weissmann, 1989 ; Zywicki et coll., 2002 ; Diouf, 2003) et ceux de québracho contiennent principalement des tanins condensés (Bekker et Makkar, 1999 ; Diouf, 2003). L'origine de ces extraits est indiquée dans les annexes III et IV.

III.2.2.1 Rendement

En raison du manque de précision quant à la composition chimique des tanins, nous définirons le rendement massique de chaque synthèse comme le rapport de la masse de produit à celle de l'extrait initial. D'après cette définition, des rendements supérieurs à 100 % sont possibles. En tenant compte des proportions quantitatives entre extrait et chlorure d'acide stéarique utilisés, nous avons obtenu les valeurs présentées dans le tableau III.2.

Tableau III.2. Rendements massiques déterminés pour l'estérification de divers tanins par l'acide stéarique en fonction du rapport massique des réactifs en extrait et en chlorure d'acide stéarique utilisés.

Rapport chlorure d'acide stéarique / extrait	Rendements massiques (%) issus d'estérification de		
	Tanins de châtaignier	Tanins de chêne	Tanin de québracho
1/1	21	24	27
5/1	30	21	23
10/1	165	133	148

Selon les chiffres de ce tableau, la synthèse des produits après estérification de tanins par l'acide stéarique affiche dans l'ensemble de modestes rendements, en moyenne égaux à 24 %, si l'on ne prend pas en compte les cas dont les réactifs sont en proportion massique chlorure d'acide / extrait de 10/1. De plus, il semble que l'usage d'une plus grande quantité de chlorure d'acide stéarique (proportion 5/1 au lieu de 1/1) ne favorise pas réellement la formation des produits. A l'inverse, les modifications pour lesquelles les réactifs sont en proportion massique de 10/1, conduisent à des rendements très importants. Ces surprenants résultats sont probablement dus à une présence de chlorure d'acide stéarique résiduel n'ayant pas réagi au cours des modifications chimiques. Il est ainsi possible que lorsque le rapport massique des réactifs utilisés est supérieur à 5/1, le chlorure d'acide stéarique résiduel soit largement en excès et devient difficile à éliminer lors de la purification par des lavages basique et aqueux. Nous pouvons alors penser que ces dernières données ne sont pas significatives.

III.2.2.2 Spectroscopie infrarouge

Pour l'analyse des produits issus de l'estérification de tanins par l'acide stéarique, nous avons eu recours uniquement à la spectrométrie infrarouge. Notons que, pour une essence donnée, les produits dont les réactifs étaient de rapports massiques 1/1 et 5/1 ont présenté des spectres d'absorption IR pratiquement identiques. Ces spectres sont représentés, pour les rapports 5/1, sur les figures III.4, III.5 et III.6 mettant en lumière certaines particularités structurales d'extraits correspondant respectivement au châtaignier (*Castanea sativa*) noté « Cas » et à son ester stéarique « Cas18 », au chêne (*Quercus pedunculata*) « Qu » et à son dérivé « Qu18 », ainsi qu'au québracho (*Schinopsis balansae*) « Sch » et à son dérivé « Sch18 ».

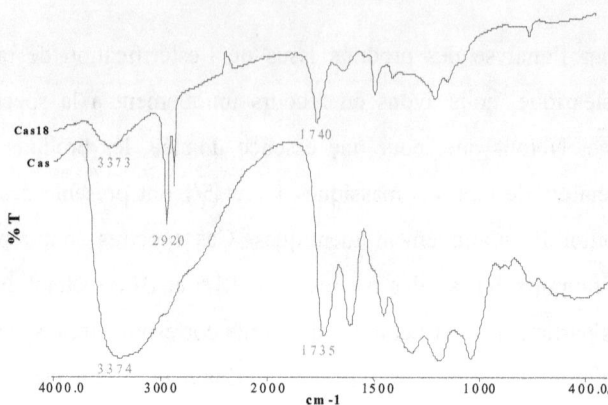

Figure III.4. Spectres IR de l'extrait de châtaignier (Cas) et de son produit dérivé (Cas18) découlant de l'estérification de cet extrait avec l'acide stéarique dans un rapport massique 5/1.

L'étude comparative des spectres de la figure III.4, qui concerne les extraits de châtaignier, permet de voir, tout d'abord, que ces deux courbes montrent, de façon globale, des allures bien différentes. De plus, nous enregistrons sur le spectre de l'extrait de châtaignier, une large bande aux environs de 3380 cm^{-1} correspondant aux groupements hydroxyle et également présente au niveau de l'extrait modifié de châtaignier, mais en beaucoup plus faible intensité. Ce qui semble traduire que le produit obtenu possède moins de groupements hydroxyle qu'initialement, après estérification de bon nombre d'entre eux. Pour ces tanins modifiés, contrairement aux tanins d'origine, soulignons aussi l'existence d'une bande à 2920 cm^{-1} éventuellement révélatrice du greffage d'une chaîne aliphatique. Par ailleurs, sur ce même spectre, une bande caractéristique à 1740 cm^{-1} attribuée à une fonction carbonyle indique que ce produit est

78

probablement un ester. Au vu de tous ces éléments, il est très probable que le produit analysé est un ester de tanin de châtaignier et d'acide stéarique.

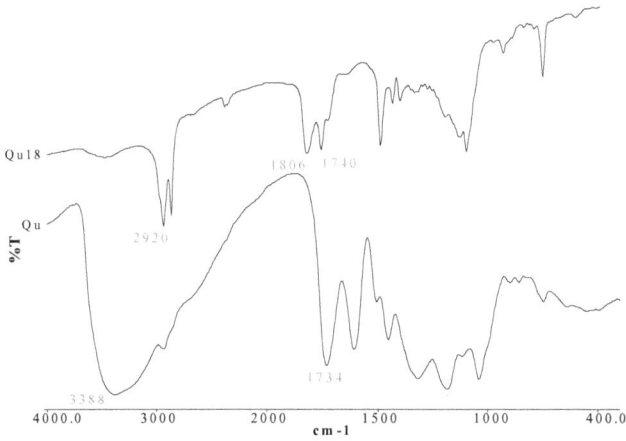

Figure III.5. Spectres IR de l'extrait de chêne (Qu) et de son produit dérivé (Qu18) issu de l'estérification de cet extrait avec l'acide stéarique dans un rapport massique 5/1.

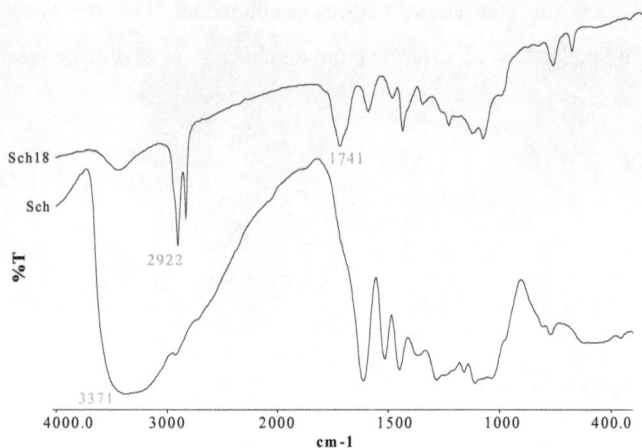

Figure III.6. Spectres IR de l'extrait de quebracho (Sch) et de son produit dérivé (Sch18) découlant de l'estérification de cet extrait avec l'acide stéarique dans un rapport massique 5/1.

Par un raisonnement analogue à celui tenu pour les spectres de châtaignier, nous déduisons que les produits dérivant des tanins de chêne (figure III.5) et de québracho (figure III.6) sont bien des esters de ces tanins et d'acide stéarique. Par ailleurs, sur le spectre de l'extrait modifié de chêne (5/1) il apparaît une bande à 1806 cm^{-1} correspondant probablement à du chlorure d'acide stéarique résiduel. La présence de ce dernier a été, du reste, plus importante sur les spectres (non représentés) des produits dont les réactifs sont de rapport massique 10/1, consolidant ainsi l'idée antérieure selon laquelle ce cas ne peut être considéré.

En comparant les spectres des 3 tanins bruts, nous remarquons la présence d'une bande ester (1735 cm^{-1}) pour le châtaignier et le chêne, mais pas pour le québracho. Sachant que les tanins hydrolysables contiennent des esters de sucres et de l'acide gallique ou/et un de ses dimères, nous constatons que l'analyse par spectroscopie IR permet également de confirmer que les tanins de chêne et de châtaignier sont de type hydrolysable, contrairement au québracho. Plus généralement, la spectroscopie IR est aussi un moyen simple et rapide pour distinguer les tanins condensés et hydrolysables.

Cependant, n'ayant fait appel qu'à l'infrarouge comme seule technique analytique pour approcher la structure des produits, il nous semble nécessaire d'insister sur la pertinence de notre analyse. En effet, dans l'hypothèse où nos dérivés correspondraient en réalité à un mélange de l'extrait et du chlorure d'acide stéarique, nous pouvons imaginer que le spectre IR qui en découlerait pourrait très bien ressembler à celui que nous avons analysé. Mais une telle situation peut être exclue au regard des lavages aqueux qui éliminent, entre autres, les tanins non estérifiés. En outre, ces derniers ne sont pas solubles dans le dichlorométhane, solvant qui a permis de récupérer le dérivé d'extrait et de le séparer de l'extrait non modifié. Et même si l'on envisage la présence de l'extrait non modifié sous forme résiduelle, il présenterait tout de même une bande due aux groupements OH beaucoup plus large vu que ces derniers n'auraient pas été sollicités dans une estérification supposée vaine.

III.3 ESTÉRIFICATION DE L'ACIDE GALLIQUE PAR L'ALCOOL LAURIQUE

Le produit obtenu a été caractérisé par des analyses RMN et IR. Nous avons obtenu un spectre RMN ^{1}H bien conforme à celui généralement retrouvé dans la littérature (Kubo et coll., 2002) et correspondant à la structure du laurylgallate (ou dodécylgallate) (figure III.7).

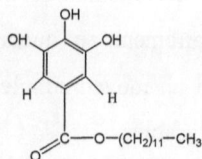

Figure III.7. Structure chimique du laurylgallate.

L'obtention du laurylgallate a été également soutenue par une analyse par spectrométrie infrarouge. Le spectre obtenu s'identifie également bien à celui de la littérature.

L'estérification de l'acide gallique pourrait, dans la pratique, constituer une lipophilisation indirecte des tanins hydrolysables. Elle serait alors effectuée après une hydrolyse de ces derniers conduisant, entre autres, à l'acide gallique. On pourrait également envisager une transestérification d'un tanin hydrolysable par un alcool gras.

III.4 COUPLAGE DE TYPE OXA-PICTET-SPENGLER

III.4.1 Essais préliminaires d'une réaction oxa-Pictet-Spengler

Nous inspirant du protocole proposé par Guiso et coll. (2001) dans une étude générale de l'alkylation de l'hydroxytyrosol par des cétones et des aldéhydes réalisée dans des conditions très douces, nous avons mis en présence la catéchine avec des quantités variables d'acétone, de pentan-3-one, de diheptadécylcétone ou de n-butanal, avec un minimum de solvant et une quantité catalytique d'APTS. D'autres variantes des conditions réactionnelles ont concerné la température (0 °C ou 25 °C), la durée (48 à 144 heures) ou encore l'usage ou l'absence du méthanol comme solvant afin d'éventuellement percevoir l'influence de ces facteurs sur la réaction.

Au cours de tous ces essais préliminaires, nous nous sommes contentés d'analyser les produits par une chromatographie sur couche mince (CCM). Les composés étaient révélés par une oxydation provoquée par un simple chauffage à l'aide d'un décapeur thermique. Les conditions réactionnelles utilisées et les observations de la CCM sont résumées dans le tableau III.3.

Tableau III.3. Observations visualisées en CCM selon les variations expérimentales d'une réaction oxa-Pictet-Spengler entre la catéchine et l'acétone, la pentan-3-one, la diheptadécylcétone ou le n-butanal, en présence d'APTS.

Conditions réactionnelles				Observations en CCM de la tâche du produit par rapport à celle de la catéchine
Equivalent catéchine / cétone	Volume MeOH (µL)	Température (° C)	Durée (heures)	
1/1 ou 1/10	600 ou 1000	25	48	taille très petite et très faiblement colorée
	600 ou 1000	0	48	
	0	25	48	
	0	0	48	
1/16, 1/48, 1/64, 1/80, 1/112, 1/128, 1/144, ou 1/160	0	25	48	taille très petite et très faiblement colorée
1/23	aucun	25	48, 72, 96, 120 ou 144	taille et couleur légèrement plus importantes

D'après ce tableau, les CCM ont indiqué dans tous les cas une très faible formation de produits. En effet, après élution, la taille des tâches de produits apparaissait tout à fait insignifiante à côté de la tâche de la catéchine résiduelle n'ayant pas réagi qui demeurait quasiment identique à la tâche de la catéchine servant de référence. Ce constat s'est encore accentué avec l'analyse du mélange réactionnel correspondant au diheptadécylcétone qui, du reste, ne présentait pas une bonne solubilité dans ce mélange. Par ailleurs, aucune différence n'a été perceptible quant à l'influence de la température de la réaction (température ambiante ou 4° C) ou encore de sa durée (48, 72, 96, 120 ou 144 h). De même, nous n'avons enregistré aucune particularité quant au choix d'utiliser le solvant ou de s'en passer. Par contre, une variation du rapport molaire catéchine / dérivé carbonylé à 1 / 23 semblait donner lieu à une formation de produit relativement plus marquée, mais restant tout de même assez modeste. En résumé, ce couplage en présence d'APTS nous a paru insatisfaisant au cours de cette exploration sommaire des résultats et nous n'avons pas jugé bon de l'approfondir.

III.4.2 Mise au point de nouvelles conditions opératoires

Les conditions de Fukahara et coll. (2002) ont également été testées et modifiées afin de les rendre plus douces conformément aux objectifs fixés. A l'issue de chaque réaction, une purification par chromatographie a été exécutée sur colonne de gel de silice avec comme éluant le mélange dichlorométhane / méthanol (9/1, v/v), suivie d'une CCM de chaque fraction recueillie. Les fractions d'intérêt ont été par la suite évaporées sous vide à l'aide d'un évaporateur rotatif et laissées sécher davantage dans une cloche sous vide pendant une nuit.

Un autre type de purification abordé a consisté à laver à l'eau (4 à 5 fois 40 ml) le mélange réactionnel préalablement concentré par évaporation sous vide. Pour chaque lavage, après agitation pendant 5 min du produit brut dans l'eau, suivie de sa séparation par centrifugation, le surnageant a été éliminé par prélèvement à l'aide d'une pipette pasteur, puis le culot a été séché sous vide.

Les conditions réactionnelles étaient très similaires à celles des essais précédents, le catalyseur acide utilisé a été cette fois-ci du trifluorure de bore diéthyléthèrate $(C_2H_5)_2O.BF_3$.

Dans un premier temps, les essais ont été menés avec les mêmes substrats que précédemment (§ III.4.1, le rapport catéchine / dérivé carbonylé étant de 1 / 23), l'isolement des différents produits purs s'étant fait ici par chromatographie sur colonne de gel de silice. Les rendements obtenus avec l'acétone, la pentan-3-one et le n-butanal, respectivement de 53, 23 et 3 %, ont permis de constater que cette réaction se déroule moins bien avec un aldéhyde.

Dans une deuxième phase, la réalisation des couplages a donc été limitée uniquement à des cétones dont la fonction carbonyle était en position 2. Nous avons alors fait réagir la catéchine avec l'acétone, la pentan-2-one, l'hexan-2-one, l'heptan-2-one ou l'octan-2-one.

Ces réactions ont été effectuées sous agitation et à température ambiante pendant 48 heures à l'abri de la lumière pour éviter l'oxydation de la catéchine et éliminant au maximum toute trace d'eau.

Par ailleurs, afin d'améliorer les conditions réactionnelles, nous avons pris des précautions visant à minimiser de probables effets oxydatifs inhérents au milieu réactionnel et qui pourraient affecter le pouvoir antioxydant de la catéchine. Pour cela, les différents mélanges réactionnels ont été désaérés à l'azote pendant 15 min avant l'ajout du catalyseur, puis maintenus sous une agitation soumise à un balayage d'azote pendant les 48 heures de réaction.

De plus, des essais de prolongements des durées de synthèse à 72, 96, 120 ou 144 heures ont été effectués, mais n'ont eu aucun impact sur le rendement.

Nous avons examiné successivement l'influence de la quantité de cétone utilisée et de la quantité de catalyseur. Toutes les réactions réalisées sous cette rubrique ont été répétées 4 à 5 fois dans un souci de reproductibilité des résultats.

Optimisation suivant la quantité d'acétone utilisée

Dans le but de rechercher les conditions pouvant aboutir à un bon rendement, nous avons fait varier le volume d'acétone avec une quantité de catéchine donnée. La figure III.8 illustre le schéma de cette réaction.

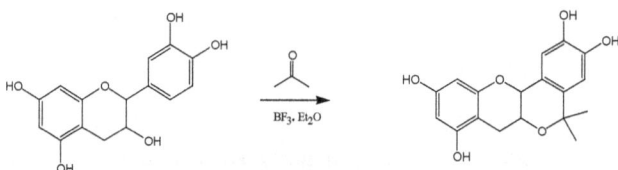

Figure III.8. Schéma de la réaction de couplage oxa-Pictet-Spengler entre la catéchine et l'acétone.

En fixant à 250 mg la masse de catéchine utilisée et à 10 μL la quantité de catalyseur, différents volumes d'acétone ont été testés. Suite à une purification sur colonne de gel de silice, nous avons obtenu un produit de cette réaction dont les rendements, calculés par rapport à la catéchine, sont consignés dans le tableau III.4.

Tableau III.4. Rendements du greffage de l'acétone sur la catéchine en présence de $BF_3.OEt_2$ suivant le volume d'acétone utilisé. L'incertitude est un écart-type réalisé sur 4 essais.

Volume d'acétone utilisé (mL)	Rendement de synthèse (%) avec 10 μL du catalyseur $(C_2H_5)_2O.BF_3$
1	8,0 ± 2,8
2,5	24,4 ± 4,3
4	26,7 ± 3,5
5	33,9 ± 4,4
6	29,9 ± 5,8
8	21,3 ± 4,8
12	0,9 ± 1,9
16	1,1 ± 2,1

Ces résultats indiquent que notre rendement est croissant avec le volume d'acétone utilisé jusqu'à un maximum pour 5 mL, et décroissant au delà de ce volume. Cela peut être clairement observé sur la figure III.9 dont la courbe représente les variations rapportées dans le tableau III.4.

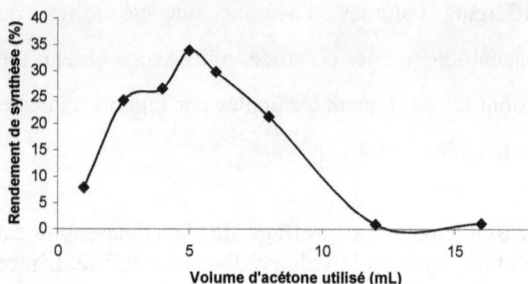

Figure III.9. Courbe représentative de l'évolution du rendement en fonction du volume d'acétone utilisé dans le greffage sur la catéchine.

Optimisation suivant la quantité de catalyseur

Le constat précédent nous a ensuite conduit à tester l'influence de la quantité du catalyseur sur le rendement. Pour cela nous avons fixé à 5 mL le volume d'acétone et à 250 mg la masse de catéchine dans des réactions pour lesquelles nous avons utilisé des volumes croissants de catalyseur (tableau III.5).

Tableau III.5. Rendements du greffage de l'acétone sur la catéchine suivant la quantité de catalyseur utilisé. L'incertitude est un écart-type réalisé sur 5 essais.

Quantité de catalyseur utilisé (µL)	Rendement de synthèse (%) avec 5 mL d'acétone
10	33,9 ± 4,4
18	36,6 ± 4,0
27	53,1 ± 5,5
42	66,1 ± 4,9

Il ressort de ce tableau que la quantité de $(C_2H_5)_2O.BF_3$ utilisée a une corrélation positive avec le rendement de la réaction, pour les volumes testés.

Considérant l'influence de la quantité d'acétone et de la quantité de catalyseur sur le rendement, le recours à un volume de 5 mL d'acétone et à une quantité de 42 µL de catalyseur lors de la réaction semble être le cas le plus intéressant de tous ceux réalisés. Cependant, pour l'ensemble des réactions impliquant les différentes cétones, nous utiliserons une quantité de $(C_2H_5)_2O.BF_3$ de 27 µL au lieu de 42 µL afin de limiter d'éventuels effets néfastes sur le pouvoir antioxydant du produit de la réaction. En effet, nous verrons dans le chapitre IV, qu'à l'approche d'une certaine dose de ce catalyseur, le pouvoir antioxydant peut se trouver notablement affecté.

En tenant compte du nombre de moles correspondant à 5 mL d'acétone (68 mmoles), soit un rapport molaire acétone / catéchine d'environ 80, nous avons déduit les volumes des autres cétones, qui en contiennent 68 mmoles.

Signalons, avant de poursuivre dans le déroulement opératoire de cette synthèse, que nous avons constaté visuellement, à ce stade expérimental, que la solubilité de la catéchine dans les cétones utilisées n'était pas parfaite avant l'ajout du catalyseur. En effet, pendant les 15 minutes d'agitation et de dégazage ayant précédé l'ajout du $BF_3.Et_2O$, l'aspect des différents mélanges réactionnels apparaissait plus ou moins trouble, d'autant plus trouble que la cétone est plus longue. Après ajout du catalyseur, ce trouble se dissipait légèrement. Du reste, au cours des précédents essais d'optimisation du rendement suivant la quantité de $BF_3.Et_2O$ utilisée, nous avons également remarqué que des usages plus conséquents de ce catalyseur amélioraient la solubilité des mélanges réactionnels, notamment celui impliquant la pentan-2-one. Ces observations nous amènent donc à penser que $BF_3.Et_2O$, outre son rôle de catalyseur, a aussi amélioré la solubilité de la catéchine dans les diverses cétones utilisées.

III.4.3 Dérivés de catéchine isolés par chromatographie sur colonne de gel de silice

Dans la suite des opérations, après une purification sur colonne de gel de silice faisant suite aux 48 heures de réaction, les produits obtenus se présentaient naturellement sous forme de poudre dont la couleur apparaissait de plus en plus foncée quand la cétone greffée s'allonge : du beige au jaune orangé. Les rendements obtenus, ainsi que les points de fusion (PF) et les rapports frontaux (Rf) de la CCM sont rapportés dans le tableau III.6. Par la suite, nous désignerons la catéchine par « c0 », celle couplée à l'acétone par « c3 », celle couplée à la pentan-2-one par « c5 », celle couplée à l'hexan-2-one par « c6 », celle couplée à l'heptan-2-one par « c7 » et celle couplée à l'octan-2-one par « c8 ».

Tableau III.6. Quelques caractéristiques physicochimiques des produits du couplage de la catéchine. L'incertitude est un écart-type réalisé sur 4 essais.

		Produits du couplage de la catéchine avec les cétones				
	catéchine	acétone	pentan-2-one	hexan-2-one	heptan-2-one	octan-2-one
	c0	c3	c5	c6	c7	c8
M (g/mole)	290	330	358	372	386	400
Rendement (%)	-	53,1 ± 5,5	27,2 ± 4,3	28,3 ± 2,1	49,7 ± 4,1	48,0 ± 4,2
PF (° C)	176	163	167	135	118	106
Rf	0,20	0,46	0,46	0,47	0,50	0,51

Premièrement, nous notons dans l'ensemble des rendements intéressants. De plus, ces réactions se sont montrées reproductibles.

Excepté dans le cas du couplage à l'acétone, nous avons observé, au terme des migrations par CCM, la présence d'une petite tâche au dessus de la tâche d'intérêt dont elle est mal séparée. Cette petite tâche dont l'isolement sur colonne par rapport à la grande tâche nous a semblé impossible malgré un fractionnement de plus en plus rapproché des volumes récoltés pourrait correspondre à un diastéréomère. Par CCM, la migration liée à certaines fractions tardives a signalé la présence d'une tâche de moindre taille correspondant à de la catéchine résiduelle, signe que nos réactions n'ont pas été totales, ce qui semble d'ailleurs compatible avec les rendements obtenus. Nous notons également un écart intéressant entre le rapport frontal de la catéchine et celui des produits, ce qui est un atout pour leur purification. Les valeurs supérieures des Rf des produits (proches de 0,5) par rapport à celle de la catéchine initiale (0,20) semblent ici militer en faveur de l'obtention de produits nettement moins polaires que la catéchine. Par ailleurs, quoique cela n'apparaisse pas de façon flagrante, les Rf semblent évoluer suivant la longueur de la cétone en cause ; ce qui indique que les cétones utilisées contribuent à la diminution de la polarité des produits.

III.4.3.1 Spectroscopie RMN

L'analyse de nos différents spectres a effectivement révélé des structures correspondant à des catéchines greffées. La présence de catéchine résiduelle précédemment signalée par CCM dans le mélange réactionnel a été en outre confirmée par RMN. Mis à part le couplage impliquant l'acétone (qui est une molécule symétrique ne rendant pas de ce fait asymétrique son atome C carbonylique lorsqu'il est greffé sur la catéchine), les autres cas de couplage ont donné lieu chacun à la formation de deux diastéréomères dont les pourcentages ont été révélés par intégrations des pics auxquels ils sont associés. La structure générale de ces dérivés de catéchine est présentée sur la figure III.10.

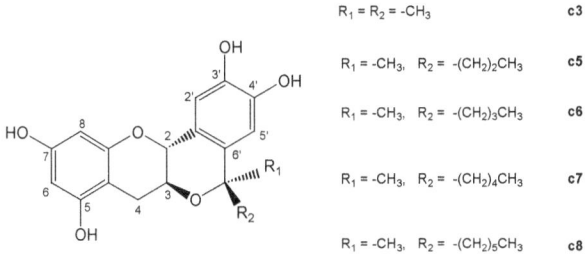

$R_1 = R_2 = -CH_3$		**c3**
$R_1 = -CH_3$, $R_2 = -(CH_2)_2CH_3$		**c5**
$R_1 = -CH_3$, $R_2 = -(CH_2)_3CH_3$		**c6**
$R_1 = -CH_3$, $R_2 = -(CH_2)_4CH_3$		**c7**
$R_1 = -CH_3$, $R_2 = -(CH_2)_5CH_3$		**c8**

Figure III.10. Structure générale des dérivés du couplage de la catéchine avec l'acétone (c3), la pentan-2-one (c5), l'hexan-2-one (c6), l'heptan-2-one (c7) ou l'octan-2-one (c8) *via* la réaction oxa-Pictet-Spengler.

Afin de pouvoir ultérieurement confronter les résultats obtenus sur la catéchine à ceux d'extraits, nous présentons les spectres sur la figure III.11. Le pic $\delta = 3,31$ ppm est lié au solvant CD_3OD. Le pic $\delta = 4,9$ ppm est dû à l'eau.

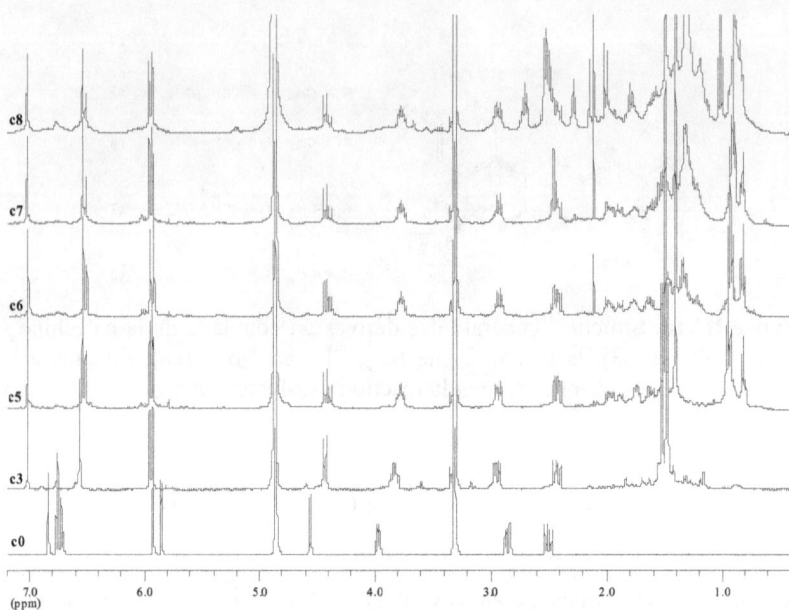

Figure III.11. Spectres RMN ¹H (400 Mhz, CD₃OD) de la catéchine (c0) et de ses produits dérivés obtenus par purification sur colonne de gel de silice et résultant du couplage de la catéchine avec l'acétone (c3), la pentan-2-one (c5), l'hexan-2-one (c6), l'heptan-2-one (c7) ou l'octan-2-one (c8).

Au vu de ces spectres, nous notons dans l'ensemble que les modifications par rapport à la catéchine se caractérisent surtout par l'apparition de pics entre 0,8 et 2,1 ppm, avec dans ce domaine une corrélation positive entre le nombre de pics tendant vers les faibles déplacements chimiques et la longueur de la cétone impliquée dans le greffage. En effet, nous pouvons déterminer la surface S des pics de ce domaine par rapport à la surface $S_{réf}$ du pic d'un proton identifié, comme par exemple celui correspondant à la position 4 du composé et signalé à 2,4 ppm. Ainsi, pour ce rapport $S/S_{réf}$, les valeurs obtenues sont 6,8 ; 16,6 ; 19,1 ; 27,6 et 35,6 correspondant respectivement aux catéchines couplées avec l'acétone, la pentan-2-one, l'hexan-2-one, l'heptan-2-one et l'octan-2-one. Si nous rapportons $S/S_{réf}$ en fonction du nombre de protons des chaînes aliphatiques greffées, nous obtenons la courbe présentée sur la figure III.12. Nous présentons également sur cette figure le cas de $S/S_{réf}$ théorique.

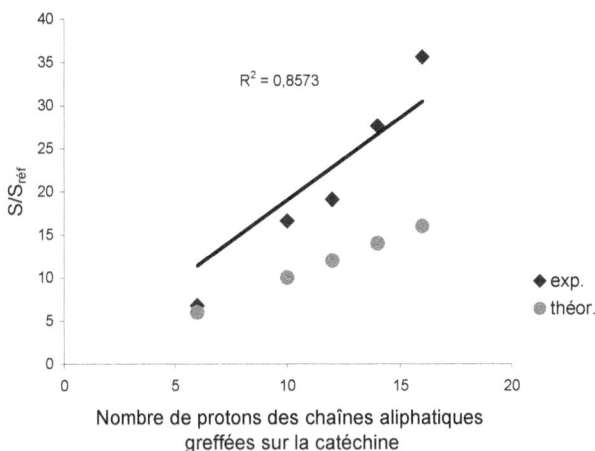

Figure III.12. Courbes corrélatives entre $S/S_{réf}$ et le nombre de protons des chaînes aliphatiques greffées sur la catéchine, selon nos conditions expérimentales (exp.) et selon une configuration théorique (théor.).

D'après cette figure, nous avons bien une confirmation de l'évolution croissante du nombre de pics en même temps que l'allongement de la chaîne aliphatique greffée sur la catéchine. Nous observons aussi un écart entre notre expérience et la théorie surtout lorsque les chaînes sont plus longues. Cela est probablement à attribuer à l'état hygroscopique des dérivés et à la présence de quelques petites impuretés qui feraient ainsi apparaître plus de pics qu'il n'en faut.

Dans la suite de l'analyse des spectres de la figure III.11, mentionnons aussi que la cyclisation de la catéchine à partir du carbone 6' en particulier est responsable de l'élimination d'un proton, ce qui est bien traduit, entre 5,8 et 7 ppm, par la disparition d'un pic et un repositionnement des trois autres pics voisins (dans cet intervalle de déplacement chimique) similairement répété dans chaque cas de couplage ; ce qui montre que le couplage s'est bien effectué au niveau du carbone 6' conformément à la réaction de couplage oxa-Pictet-Spengler. En outre, en accord avec ce qu'on pouvait attendre, l'existence de deux diastéréomères pour chaque cas de greffage a également été détectée par la RMN du proton. L'existence de ces deux formes se présente d'ailleurs dans un rapport remarquablement constant (en moyenne 66 / 34).

Tous ces enseignements confortés par les attributions détaillées décrites dans l'annexe III confirment bien la réussite de nos réactions et partant, l'obtention de catéchines auxquelles ont été greffées des chaînes carbonées plus ou moins longues ; nous ferons référence à ces spectres RMN lorsque nous analyserons les extraits soumis aux mêmes types de greffage.

On peut cependant s'interroger sur une possibilité de présence de cétones résiduelles après purification des produits et de leur éventuelle interférence dans notre analyse. Cette question est légitime car une analyse RMN ^{1}H de chacune de ces cétones a révélé une similitude prévisible entre leurs pics et certains pics des dérivés de catéchines correspondants. Rappelons que la purification a été exécutée sur colonne de gel de silice avec un éluant peu polaire, le mélange CH_2Cl_2 / MeOH (9/1) ; celui-ci a donc fait éluer premièrement les fractions contenant les éventuelles cétones résiduelles que nous avons éliminées avant de récupérer nos fractions d'intérêt se distinguant au niveau de la colonne par une bande de couleur jaune. Nous avons évaporé sous vide les cétones seules, dans nos conditions habituelles (6 mbars, 30 °C). Dans ces conditions, même l'octan-2-one qui est la moins volatile disparaissait en quelques minutes. Les fractions d'intérêt ayant ensuite été soumises à une évaporation sous vide poussé, toute présence de cétones résiduelles semble alors improbable. En somme, nous pensons que l'éventualité d'une présence de traces de cétones relativement difficiles à évaporer telles que l'heptan-2-one ou l'octan-2-one dans certains de nos produits est très peu probable. Pour la suite, une confrontation analytique par HPLC de chacune des cétones d'une part, et de chaque produit dérivé d'autre part pourrait définitivement confirmer cet argument.

III.4.3.2 Spectroscopie infrarouge

L'examen de dérivés de catéchines réalisé par spectroscopie infrarouge (entre 400 et 4000 cm^{-1}) sous forme de pastille de KBr a produit les spectres présentés sur la figure III.13.

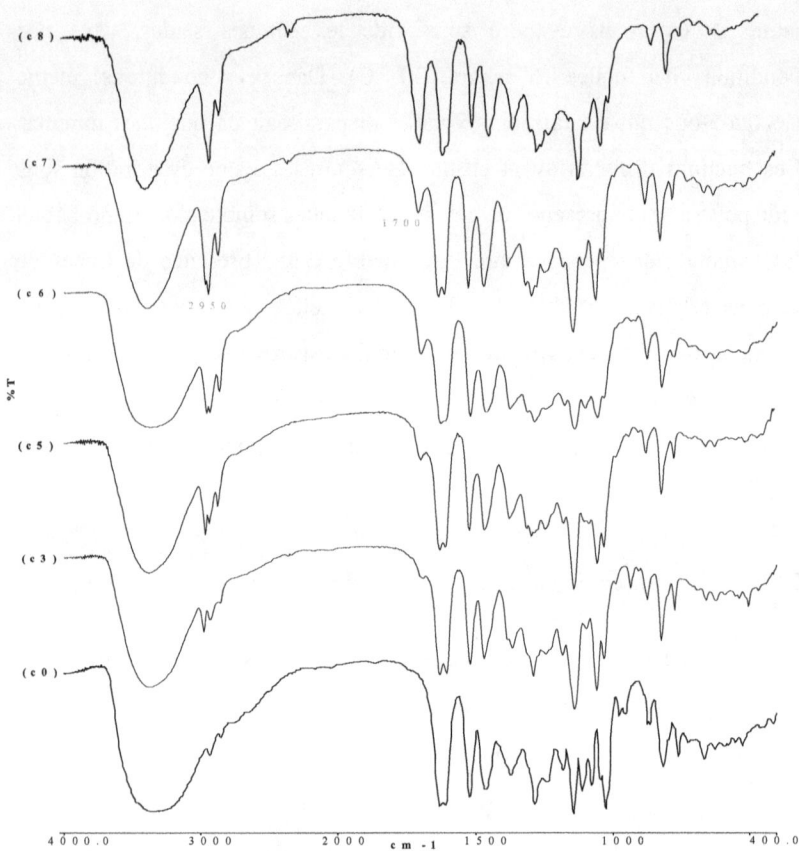

Figure III.13. Spectres IR de la catéchine (c0) et de ses produits dérivés obtenus par purification sur colonne de gel de silice et découlant du couplage de la catéchine avec l'acétone (c3), la pentan-2-one (c5), l'hexan-2-one (c6), l'heptan-2-one (c7) ou l'octan-2-one (c8).

A la lumière de cette analyse, nous observons que les spectres correspondant aux dérivés de catéchine s'illustrent par l'existence d'une bande d'absorption vers 2950 cm⁻¹, nouvelle par rapport au spectre de la catéchine. Cette observation s'avère justifiée par la présence de chaînes aliphatiques et s'accorde ainsi avec la preuve précédemment établie sur l'obtention de catéchines modifiées par le greffage de chaînes carbonées. Ceci est d'autant plus vrai que l'intensité de la bande d'intérêt évolue en fonction de la longueur de la cétone accrochée. Un fait inattendu est l'apparition d'une bande vers 1700 cm^{-1} dont l'intensité augmente avec la longueur de la chaîne carbonée des cétones. Cette bande ne correspondrait *a priori* pas aux cétones pour lesquelles, cependant, une mesure séparée nous a signalé une bande attribuée à l'élongation C=O à 1715 cm^{-1}. Cette surprenante bande pourrait alors être le fruit de réactions secondaires du genre crotonisation qui justifierait une position à environ 1700 cm^{-1}. Une autre explication à ce fait pourrait provenir d'une transformation partielle de la catéchine en un dérivé quinonique. En effet, en milieu acide, certains groupements hydroxyle aromatiques pourraient s'oxyder et ainsi être mutés en fonction cétone. Dans tous les cas, il serait peut-être possible que ces dérivés quinoniques ou issus de crotonisation satisfassent aussi en même temps aux réactions de greffage avec les cétones. Les produits secondaires qui en résulteraient se confondraient aux catéchines greffées souhaitées pour ainsi justifier les difficultés observées quant à leur élimination et à leur détection.

III.4.3.3 Analyse par HPLC

Comme précédemment annoncé, une confrontation analytique de chacune des cétones d'une part, et de chaque produit dérivé d'autre part, a été établie par HPLC sur colonne de silice greffée C$_{18}$ afin de vérifier, non seulement, l'évolution de la polarité concomitante aux modifications opérées sur la catéchine, mais aussi l'absence de cétones résiduelles dans les produits issus de la purification. Une précaution visant à établir des comparaisons uniformes tout au long de cette étude nous a conduit à avoir toujours recours aux solvants et au gradient d'élution (cf. § II.1.1) choisis principalement pour la résolution d'extraits Seed H, même si ces conditions ne sont pas idéales pour l'analyse des cétones. Les chromatogrammes obtenus dans un premier temps pour les cétones sont présentés sur la figure III.14.

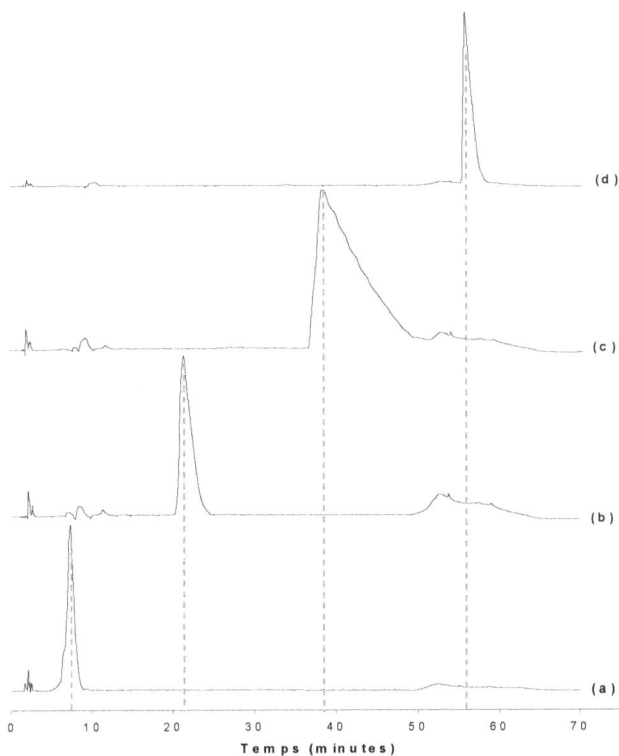

Figure III.14. Chromatogrammes HPLC (détection UV, 280 nm) des cétones utilisées dans les réactions de greffage : acétone (a), pentan-2-one (b), hexan-2-one (c) et heptan-2-one (d).

Cette analyse nous permet simplement de vérifier, à ce stade expérimental, que nos cétones sont de bonne pureté car représentées chacune par un seul pic et qu'elles ont naturellement des temps de rétention croissants selon leur taille respective. Notons que l'analyse de l'octan-2-one n'a révélé aucun pic. Cela est sans aucun doute dû à notre programme d'élution pour lequel un temps de rétention un peu trop long pour cette cétone a été hors des limites.

Pour ce qui est des chromatogrammes de nos dérivés de catéchine, nous nous référons, dans un second temps, à la figure III.15.

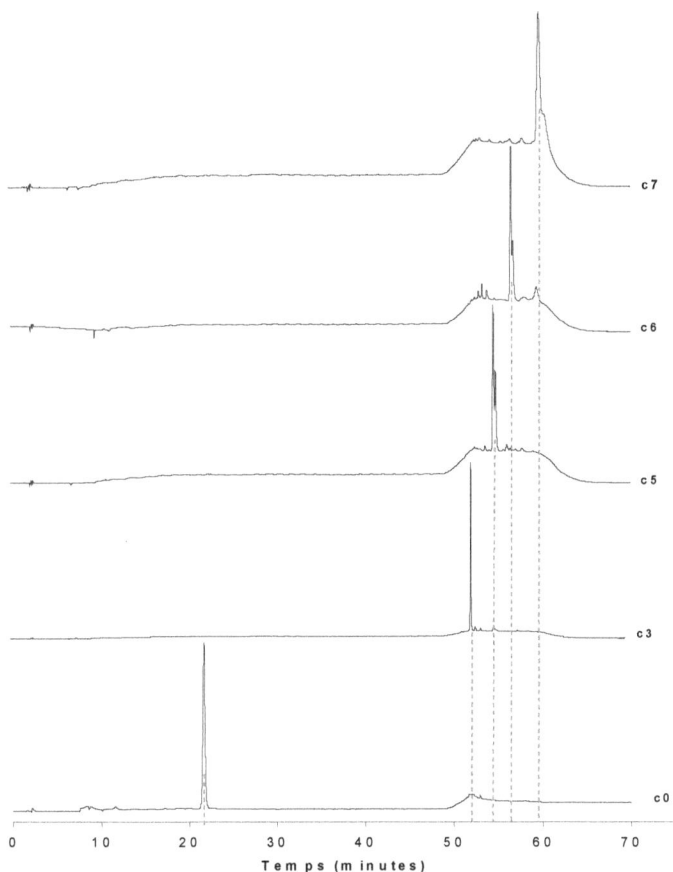

Figure III.15. Chromatogrammes HPLC (détection UV, 280 nm) de la catéchine (c0) et de ses produits dérivés obtenus par purification sur colonne de gel de silice et découlant du couplage de la catéchine avec l'acétone (c3), la pentan-2-one (c5), l'hexan-2-one (c6), l'heptan-2-one (c7) ou l'octan-2-one (c8).

A travers ces derniers chromatogrammes, nous notons aussi une bonne pureté de la part de chacun de nos produits dont les temps de rétention montrent également une progression parallèle à la longueur de la chaîne carbonée greffée. La catéchine couplée à l'octan-2-one (donnée non représentée) n'a arboré aucun pic très probablement pour une raison de temps de rétention hors des limites de notre programme.

De notre analyse ressort aussi une différence très nette entre la catéchine initiale d'une part, et ses dérivés d'autre part, traduisant ainsi l'obtention de composés nettement moins polaires suite aux différents greffages effectués ; ce qui s'accorde bien avec l'idée de réussite d'obtention de catéchines greffées.

Les temps de rétention révélés par les figures III.14 et III.15 ont été consignés dans le tableau III.7.

Tableau III.7. Temps de rétention des cétones et des dérivés de catéchine purifiés sur colonne de gel de silice.

Nombre de carbones dans la cétone ou dans le motif greffé sur la catéchine	Temps de rétention (minutes)		
	Cétones	Catéchines	
0	0	(c0)	21,6
3	7,2	(c3)	52,5
5	21,4	(c5)	54,6
6	38,5	(c6)	56,5
7	55,5	(c7)	59,7

Ce tableau montre une distinction nette entre les temps de rétention des cétones et ceux de catéchines couplées aux cétones correspondantes. Cette différence de polarité entre les cétones et nos dérivés est la preuve de l'existence de nouveaux composés qui ne pourraient absolument pas être de simples mélanges de catéchine et de cétones. Par ailleurs, si on considère les composés élués avant les catéchines modifiées (figure III.15), seul le cas de la catéchine couplée à l'heptan-2-one laisse apparaître, à côté du pic d'intérêt, de très petits pics dont l'un a un temps de rétention voisin de celui de l'heptan-2-one. Ce fait confirme bien l'absence de cétones résiduelles dans les catéchines couplées à l'acétone, à la pentan-2-one et à l'hexan-2-one, mais la possibilité de présence de traces dans les catéchines couplées à l'heptan-2-one ou à l'octan-2-one. Dans tous les cas, nous en déduisons que la caractérisation de tous nos produits est concluante.

III.4.4 Dérivés de catéchine isolés par lavage à l'eau

La chromatographie sur colonne des mélanges réactionnels après synthèse ayant permis de révéler qu'ils renferment en principe deux composés de polarité différente (dérivé de catéchine et catéchine résiduelle), un lavage à l'eau nous a paru être une intéressante alternative pour éliminer la catéchine résiduelle et ainsi récupérer notre dérivé purifié. Ainsi, au terme des 48 heures de synthèse débouchant sur les différents produits bruts secs (obtenus après évaporation des mélanges réactionnels sous vide poussé), le lavage à l'eau de ces derniers a mené à l'isolement des dérivés présumés de catéchine dont l'étude s'articule comme suit.

III.4.4.1 Rendement

a) Calcul du rendement avant lavage

Nous nous sommes intéressés, dans un premier temps, à la détermination du nombre de moles de produit par rapport au nombre de moles de catéchine initiale. Pour cela, on a recueilli le mélange réactionnel, obtenu solide après évaporation sous vide et calculé le rendement. Ainsi, pour chaque mélange réactionnel sec, les rendements obtenus sont consignés dans le tableau III.8.

Tableau III.8. Rapports du nombre de moles de la catéchine modifiée à celui de la catéchine initiale, pour des produits obtenus après lavage à l'eau. L'incertitude est un écart-type réalisé sur 5 essais.

Couplage de la catéchine avec	Rendement		Rendement corrigé	
Acétone	1,16	± 0,17	1,06	± 0,20
Pentan-2-one	1,22	± 0,16	1,12	± 0,19
Hexan-2-one	1,22	± 0,17	1,13	± 0,20
Heptan-2-one	1,34	± 0,18	1,25	± 0,21
Octan-2-one	1,44	± 0,18	1,35	± 0,21

Une vue d'ensemble de ce tableau nous indique essentiellement que le rendement est supérieur à 1 et augmente progressivement avec la taille de la cétone greffée. Il est donc possible que le catalyseur ne soit pas séparé du produit ; nous avons donc calculé le rendement en supposant cela et obtenu la valeur (rendement corrigé) dans la dernière colonne du tableau, encore supérieur à 1. Ce constat pourrait trouver une explication dans l'existence de produits secondaires. En effet, ayant réalisé nos calculs en partant d'un mélange réactionnel, une ou plusieurs éventuelles réactions secondaires telles qu'une crotonisation précédemment évoquée pourraient donc finalement conduire à des produits non volatils et globalement, une quantité de produit supérieure à celle théoriquement attendue.

b) Calcul du rendement après lavage

Dans un deuxième temps, à partir de la masse mesurée des composés purifiés par lavage à l'eau, puis séchés (poudre de couleur un peu plus foncée que dans les cas de purification sur colonne), nous avons estimé le rendement de chaque produit. Nous parlons ici d'estimation de rendement car ce dernier n'est vraisemblablement pas représentatif du fait que le lavage à l'eau n'élimine pas seulement la catéchine résiduelle, mais éventuellement aussi une fraction plus ou moins substantielle de dérivés, surtout ceux greffés avec des chaînes courtes. Les rendements ainsi estimés, comparés à ceux obtenus après chromatographie sur colonne, sont consignés dans le tableau III.9.

Tableau III.9. Rendement de synthèse dans les cas de purification par lavage à l'eau et par chromatographie sur colonne pour les produits issus du couplage de la catéchine avec différentes cétones. L'incertitude est un écart-type calculé à partir de 4 à 5 mesures.

Couplage de la catéchine avec	Rendement estimé (%) après lavage à l'eau	Rendement (%) après chromatographie sur colonne
Acétone	34,6 ± 8,9	53,1 ± 5,5
Pentan-2-one	61,3 ± 7,7	27,2 ± 4,3
Hexan-2-one	72,3 ± 7,3	28,3 ± 2,1
Heptan-2-one	80,9 ± 11,8	49,7 ± 4,1
Octan-2-one	87,5 ± 10,5	48,0 ± 4,2

A l'image du précédent rendement, ces données font ressortir, tout d'abord, des rendements progressivement croissants avec la taille de la cétone utilisée. Cette évolution qui est contraire à celle observée dans le cas de la purification sur colonne de gel de silice pourrait, malgré le lavage effectué, être liée une fois de plus à l'existence de produits secondaires émanant probablement de réactions des cétones favorisées par le catalyseur, telles que la cétolisation et la crotonisation évoquée ci-dessus. En effet, de tels produits secondaires pourraient ne pas être évaporés suite au séchage sous vide du mélange réactionnel et ne seraient pas éliminés non plus par lavage à l'eau lors de la purification, vu qu'ils renfermeraient eux aussi des chaînes carbonées plus ou moins longues ; ce qui pourrait ainsi expliquer cette évolution inattendue étant donné que le calcul de rendement inclurait naïvement les masses de ces produits. L'imputation de la formation de produits secondaires aux cétones et au catalyseur semble être avérée notamment à travers une réaction de couplage ayant mis en jeu une quantité moindre de catéchine et des excès d'acétone et de $BF_3.Et_2O$. Dans ce cas, nous avons effectivement enregistré, après lavage, une augmentation du rendement à 50 %, contre 34,6 % dans nos conditions réactionnelles habituelles.

D'autre part, nous remarquons aussi un écart relativement important de rendement entre le produit découlant du couplage avec l'acétone (34,6 %) et les produits issus du couplage avec les autres cétones (61,3 à 87,5 %). Cet écart provient probablement d'une solubilité partielle dans l'eau du produit dérivant du couplage à l'acétone dont les deux groupements méthyle greffés ne suffiraient pas à rendre ce composé nettement hydrophobe. Il s'en suivrait alors une perte partielle de produit dans l'eau de lavage et donc un rendement plus modeste. Cette hypothèse est d'ailleurs corroborée par le constat que les volumes d'eau issus de nos premiers lavages étaient un peu plus fortement colorés en brun-jaunâtre dans le cas du couplage avec l'acétone. Cette couleur, vraisemblablement attribuée à la présence de catéchine résiduelle (et d'une partie du produit), disparaissait progressivement après chaque lavage dont nous apprécions l'efficacité par suivi spectrophotométrique de l'absorbance autour de 278 nm par la catéchine dans l'eau de lavage.

A côté de l'étude quantitative des produits et réactifs issus de nos synthèses, nous avons mesuré les points de fusion pour les produits purifiés par lavage à l'eau, comparativement à ceux isolés sur colonne de gel de silice (tableau III.10).

Tableau III.10. Points de fusion (°C) des produits de couplage de la catéchine avec différentes cétones et purifiés, *via* un lavage à l'eau d'une part, et une chromatographie sur colonne d'autre part.

Couplage avec	Point de fusion (°C)	
	Purification par lavage	Purification sur colonne
(catéchine = 176)		
Acétone	179	163
Pentan-2-one	184	165
Hexan-2-one	144	134
Heptan-2-one	132	118
Octan-2-one	124	107

Nous notons ici que, pour tous les cas de couplage, les produits purifiés par lavage ont des points de fusion plus élevés que les produits purifiés sur colonne de gel de silice. La purification sur colonne ayant été assez satisfaisante, comme l'ont montré les analyses spectrales et HPLC, nous nous référons bien évidemment aux points de fusion des produits qui en découlent pour apprécier la qualité de la purification par lavage à l'eau. A ce propos, une similitude au niveau de l'évolution du point de fusion avec la longueur de la cétone greffée apparaît entre les produits purifiés par lavage et les composés isolés sur colonne et semble ainsi faire ressortir un greffage effectif dans les deux cas. Par contre, une moindre performance relative aux lavages à l'eau pourrait sous-tendre la hausse des points de fusion dans le cas des produits issus de cette purification. En principe, une impureté abaisse le point de fusion si elle est en faible quantité. L'augmentation du PF dans le cas présent indique que le produit est très impur.

III.4.4.2 Analyses spectrales

Pour distinguer les produits purifiés sur colonne de ceux isolés par lavage à l'eau, nous avons désigné la catéchine couplée à l'acétone par c3*, celle couplée à la pentan-2-one par c5*, celle couplée à l'hexan-2-one par c6*, celle couplée à l'heptan-2-one par c7* et celle couplée à l'octan-2-one par c8*, pour les cas de purification par lavage à l'eau. Nos échantillons secs ont été soumis à une analyse RMN ^{1}H dont les spectres sont représentés sur la figure III.16.

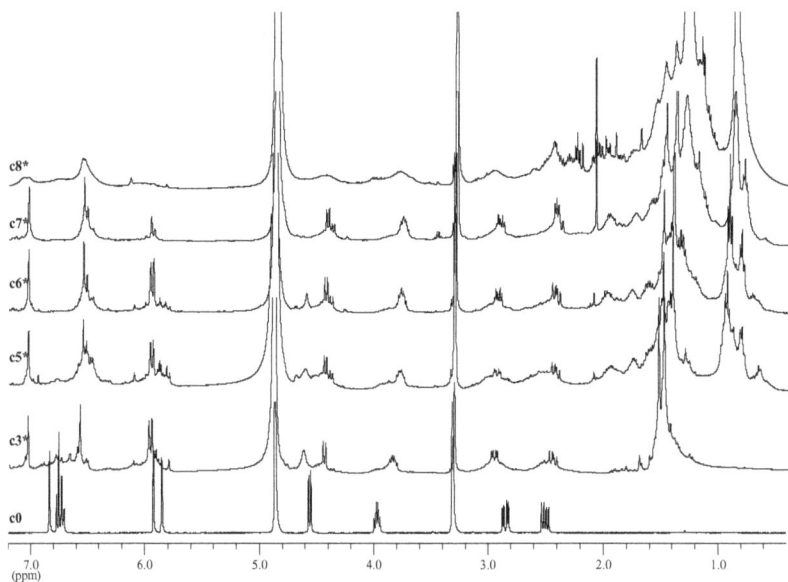

Figure III.16. Spectres RMN ^{1}H (400 Mhz, CD$_3$OD) de la catéchine (c0) et de ses produits dérivés purifiés par lavage à l'eau et découlant du couplage de la catéchine avec l'acétone (c3*), la pentan-2-one (c5*), l'hexan-2-one (c6*), l'heptan-2-one (c7*) ou l'octan-2-one (c8*).

Etant donné que les dérivés de catéchine isolés sur colonne ont été antérieurement caractérisés par RMN ^{1}H avec satisfaction, nous confrontons leurs spectres (figure III.11) à ceux des produits purifiés par lavage à l'eau. Dans l'ensemble, nous notons de grandes similitudes entre les spectres pour lesquels les produits impliquent les mêmes cétones. En effet, nous retrouvons la même superposition cohérente des différents pics dont certains montrent, tout de même, une moins bonne résolution, surtout dans le cas du couplage avec l'octan-2-one. Ce manque de résolution trouve assurément une explication dans le fait que la qualité de la purification par lavage à l'eau est moins satisfaisante que celle effectuée par chromatographie sur colonne de gel de silice. Mais le fait que cette différence est petite semble soutenir que le lavage à l'eau peut être considéré comme une méthode de purification acceptable dans notre contexte d'étude. Par ailleurs, l'eau récupérée après lavage de chaque produit brut a été évaporée et une analyse RMN ^{1}H du résidu solide obtenu nous a permis d'identifier une structure correspondant à celle de la catéchine et d'ainsi vérifier que les lavages à l'eau éliminent effectivement la catéchine résiduelle.

Dans une seconde phase, les dérivés de catéchine purifiés par lavage à l'eau ont fait l'objet d'une analyse par spectroscopie infrarouge. Les spectres obtenus (données non représentées) sont exactement identiques à ceux de la figure III.11 concernant les dérivés de catéchine purifiés par chromatographie sur colonne. Cette analyse s'accorde donc avec celle de la précédente RMN quant au fait que le recours aux lavages à l'eau puisse être une bonne technique de purification de nos produits bruts.

Ce constat pourrait être davantage soutenu par d'autres analyses, notamment la chromatographie liquide haute performance.

III.4.4.3 Analyse par HPLC

Nos dérivés de catéchine isolés par lavage à l'eau ont été également soumis à une HPLC suivant les mêmes conditions d'élution et le même programme d'analyse que ceux utilisés antérieurement (cf. § II.1.1). Les chromatogrammes qui en découlent se trouvent sur la figure III.17.

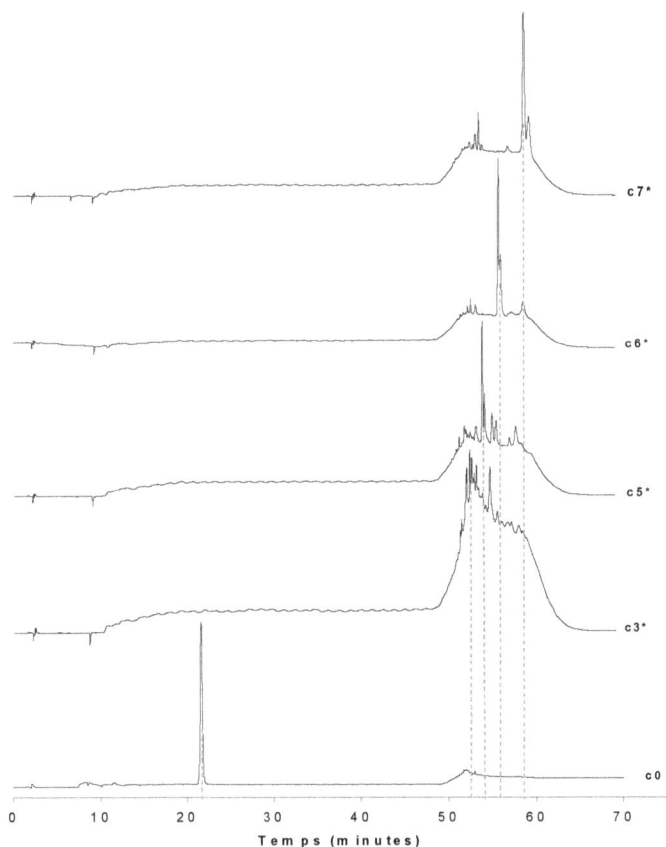

Figure III.17. Chromatogrammes HPLC (détection UV, 280 nm) de la catéchine (c0) et des ses produits dérivés purifiés par lavage à l'eau et découlant du couplage de la catéchine avec l'acétone (c3*), la pentan-2-one (c5*), l'hexan-2-one (c6*), l'heptan-2-one (c7*) ou l'octan-2-one (c8*).

Au premier abord, ces chromatogrammes apparaissent quasiment identiques à ceux de la figure III.15 relatifs aux dérivés de catéchine isolés sur gel de silice. En effet, seuls deux dérivés issus de la purification par lavage à l'eau ont montré quelques petites différences par rapport à la purification sur gel de silice : d'une part, la catéchine couplée à l'acétone (c3*) qui présente un pic moins effilé probablement consécutif à une purification de moindre qualité, et d'autre part la catéchine couplée à l'heptan-2-one dont le pic suit un pic plus petit dont le temps de rétention (54,5 minutes) semble témoigner de la présence de résidu d'heptan-2-one après purification. Une vue d'ensemble des temps de rétention des cétones seules et des dérivés purifiés sur gel de silice ou par lavage à l'eau est donnée par le tableau III.11.

Tableau III.11. Temps de rétention (min) des cétones et des dérivés de catéchine purifiés sur colonne de gel de silice ou par lavage à l'eau. Le temps de rétention de la catéchine est de 21,6 minutes.

Nombre de carbones dans la cétone ou dans le motif greffé sur la catéchine	Cétones	Dérivés de catéchine purifiés	
		sur gel de silice	par lavage à l'eau
3	7,2	(c3) 52,5	(c3*) 53,0
5	21,4	(c5) 54,6	(c5*) 54,7
6	38,5	(c6) 56,5	(c6*) 56,5
7	55,5	(c7) 59,7	C7*) 59,4

Au delà de la mise en évidence claire de l'existence de nouveaux composés non assimilables à des mélanges de catéchine et de cétones dans chaque cas de purification, ces données montrent essentiellement une très bonne similitude entre les temps de rétention des composés purifiés par chromatographie sur gel de silice et ceux purifiés par lavage à l'eau. Ce fait cumulé aux quelques remarques précédemment évoquées à travers les confrontations des figures III.15 et III.17 témoigne que la purification par lavage à l'eau peut présenter une satisfaction presque comparable à celle de la purification sur gel de silice. En effet, il semble intéressant de pouvoir recourir à une purification simple et rapide par lavage à l'eau comme alternative à une longue et laborieuse purification par chromatographie sur gel de silice.

La présence des cétones résiduelles n'ayant pas réagi a été effectivement insignifiante. Cependant, ayant noté que l'évaporation devenait de moins en moins aisée pour les plus longues cétones, en l'occurrence l'heptan-2-one et l'octan-2-one, nous pouvons imaginer que dans une perspective de greffer des cétones de très grande taille sur la catéchine, le séchage par évaporation atteindrait ses limites et compromettrait cette procédure de purification.

En recherchant une autre technique de purification, nous avons également effectué quelques essais faisant appel à certains solvants organiques volatils afin de tenter d'isoler les présumés dérivés lipophiles obtenus. En effet, à partir du mélange réactionnel, si l'élimination de la catéchine résiduelle s'avère aisément réalisable par lavage à l'eau, les tentatives visant la séparation en phase liquide des dérivés par rapport aux cétones résiduelles ont cependant été infructueuses en dépit de l'usage des différents solvants suivants : dichlorométhane, tétrachlorure de carbone, diéthyléther, toluène, xylène, hexane, cyclohexane, cyclohexanone, cycloheptanone, 2-méthylcyclohexanone et dichloroacétophénone. Dans tous ces solvants, on a obtenu, à partir du mélange réactionnel brut, une solubilité totale. Par contre les dérivés secs purifiés par chromatographie, de même que ceux purifiés par lavage à l'eau, ont présenté, par estimation visuelle, une très faible solubilité dans l'hexane et surtout dans le dichlorométhane. Les dérivés sont donc plus solubles dans les cétones résiduelles que dans certains solvants utilisés. Ils auraient ainsi probablement une nature amphiphile (due à la présence des groupements OH et à celle du motif carboné greffé) qui expliquerait cette solubilité partielle dans des solvants dans lesquels la catéchine d'origine ne se dissout pas. Ces difficultés d'extraction à l'aide de solvants organiques justifient ainsi le choix du recours au séchage sous vide pour éliminer les cétones résiduelles avant le lavage à l'eau.

III.4.5   Couplage oxa-Pictet-Spengler appliqué aux extraits

Les modifications souhaitées se sont essentiellement appliquées à l'extrait de pépins de raisin (*Vitis vinifera*) qui a retenu notre attention en raison de sa très forte concentration en tanins catéchiques (Peng et coll., 2001) et de ses excellentes propriétés antioxydantes. Concrètement, l'extrait utilisé est commercialisé sous le nom de « Grap'Active Seed H » (Ferco Nutraceutique, Saint-Montan, France) sous forme de poudre de couleur brune. Ce produit est effectivement décrit comme étant très riche en tanins condensés (80-85 %), et ayant un fort pouvoir antioxydant ainsi qu'un potentiel anti-radicalaire élevé (annexe V).

Le couplage à appliquer à ces extraits est décrit schématiquement sur la figure III.18.

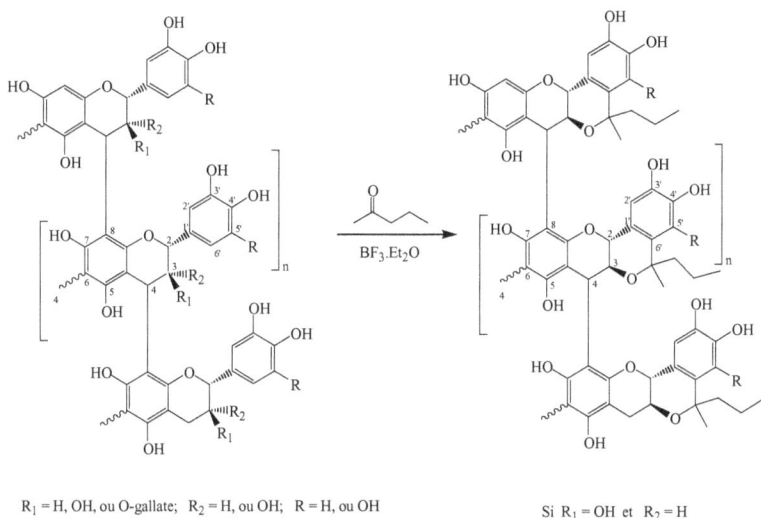

R$_1$ = H, OH, ou O-gallate; R$_2$ = H, ou OH; R = H, ou OH   Si R$_1$ = OH et R$_2$ = H

Figure III.18. Schéma de la réaction de couplage oxa-Pictet-Spengler entre un tanin de raisin et la pentan-2-one.

Pour le tanin Seed H, on a utilisé les conditions optimales trouvées pour la catéchine. En outre, tout comme dans le cas du couplage de la catéchine, ici nous avons constaté visuellement que l'extrait Seed H ne présentait pas une bonne solubilité dans les diverses cétones avant l'ajout du catalyseur. Cette solubilité, beaucoup moins favorable que dans le cas de la catéchine, se trouvait améliorée après l'ajout du BF$_3$.Et$_2$O.

Dans le cas d'un mélange complexe, il n'était pas envisageable d'effectuer la purification par chromatographie sur gel de silice. Au terme de ces réactions, les mélanges ont donc été soumis à une évaporation poussée pour faire place à des produits bruts solides. Ceux-ci ont ensuite fait l'objet de lavages à l'eau (4 à 5 fois avec 40 mL) pour éliminer les extraits non modifiés et le catalyseur résiduel.

Notons que pour estimer la reproductibilité des résultats, toutes les réactions décrites précédemment ont été répétées 4 à 5 fois. Nous avons observé une bonne répétitivité des résultats correspondants qui suivent.

III.4.5.1 Rendement massique

Nous avons alors évalué les rendements massiques correspondant à trois configurations étudiées, à savoir, le cas de l'extrait Seed H dans des conditions identiques à celles impliquant la catéchine, le cas d'un usage de plus grandes quantités de l'extrait Seed H, et enfin un essai sur l'extrait de québracho.

a) Cas de l'extrait Seed H dans des conditions identiques à celles impliquant la catéchine.

Les produits obtenus se présentaient sous forme de poudre d'une couleur brune d'autant plus foncée que la cétone impliquée était plus longue. Le rendement massique de chaque produit a été déterminé à partir du mélange réactionnel séché dont le gain en masse calculé tient compte des 312,5 mg de l'extrait initial et de la quantité du catalyseur correspondant à 31,2 mg, telle qu'évaluée précédemment dans le cas de la catéchine (cf. § III.4.4.1). Les rendements massiques obtenus sont inclus, à côté des valeurs des dérivés de catéchine auxquelles ils sont comparés, dans le tableau III.12.

Tableau III.12. Rendements massiques consécutifs aux réactions de couplage oxa-Pictet-Spengler dont ont fait l'objet l'extrait Seed H et la catéchine. L'incertitude est un écart-type réalisé sur 4 essais.

	Rendement massique (%)	
Couplage avec	Extrait Seed H	Catéchine
Acétone	14,1 ± 3,0	20 ± 2,7
Pentan-2-one	28,5 ± 3,9	37,7 ± 3,6
Hexan-2-one	32,3 ± 4,1	44,6 ± 3,4
Heptan-2-one	46,0 ± 4,3	66,1 ± 3,9
Octan-2-one	62,1 ± 4,9	86 ± 4,5

De l'étude de ce tableau, nous déduisons, grosso modo, que les valeurs déterminées évoluent progressivement comme la taille de la cétone en cause dans la réaction. Ceci est tout à fait normal dans la mesure où ces données prennent directement en compte, non pas le nombre de moles, mais plutôt la masse des composés de plus en plus lourds, après greffage de motifs de plus en plus longs. En outre, les rendements massiques liés à l'extrait sont inférieurs à ceux liés la catéchine, révélant ainsi que les réactions de couplage sont relativement moins favorables avec les extraits qu'avec la catéchine. En effet, il parait cohérent que la structure encombrée des tanins offre un peu moins de facilité pour le greffage d'une cétone sur les motifs catéchiques, contrairement à un greffage sur une molécule de catéchine sous forme libre.

Par ailleurs, dans un tout autre registre, signalons que, avant l'exécution des opérations précédentes relatives à l'obtention des produits par le lavage à l'eau proprement dit, nous avons également fait quelques tentatives de purification différentes. D'une part, par chromatographie sur colonne de gel de silice, qui nous a amenés à constater d'abord que les différents produits bruts étaient très partiellement solubles dans l'éluant dichlorométhane / méthanol (9/1, v/v) rendant impossible la purification. Sans rechercher une récupération quantitative des produits, il nous a semblé intéressant, malgré tout, d'utiliser cette technique avec les extraits dans l'espoir d'en tirer quelques petites quantités de produits d'excellente pureté pour ainsi réaliser, en aval, des analyses beaucoup plus significatives et les comparer à celles découlant des purifications par lavage à l'eau. Dans un premier temps, cela a été fait avec le produit brut issu de la réaction de l'extrait Seed H avec l'acétone. Au cours de l'élution, après dépôt de l'échantillon (couleur brune), l'évolution de celui-ci progressait très difficilement dans la colonne qui finissait par se boucher après l'apparition d'une première tâche au niveau de la CCM. Cette tâche présentait une position similaire à celle du produit de couplage oxa-Pictet-Spengler de la catéchine avec l'acétone. Sur six essais, les quantités du produit récupéré variaient approximativement de 1 à 5 mg en partant d'environ 390 mg de produit brut initial. Il paraissait donc évident que la quasi totalité du produit demeurait insoluble dans l'éluant, stagnait ainsi en surface du sable et provoquait au fur et à mesure un colmatage de la surface et l'arrêt de l'élution. Nous avons alors repris cette expérience, cette fois-ci, avec le produit émanant de la réaction avec l'octan-2-one qui, *a priori*, devrait présenter une meilleure miscibilité avec l'éluant. Malheureusement les mêmes difficultés se sont posées et on récupérait aussi de très faibles quantités de produits s'apparentant, au niveau de la CCM, à de la catéchine couplée à l'octan-2-one.

Une solution envisagée également pour remédier à ce problème de solubilité consistait à utiliser un éluant plus polaire, c'est-à-dire, le même mélange CH_2Cl_2 / MeOH dont les proportions étaient de 8/1, 7/1 ou 6/1.

Les difficultés d'élution se sont dissipées lorsque l'éluant 6/1 était utilisé et il apparaissait, en CCM, une deuxième tâche dont la position semblait correspondre à celle de la catéchine. Mais la majorité du produit brut restait toujours fixée en surface et le prolongement indéfini de l'élution ne révélait pas d'autres tâches. Ainsi, à l'issue de cette tentative de purification, il semble que la polarité des tanins ne favorise pas du tout le recours à cette technique qui a tout de même permis de confirmer que l'extrait Seed H contient une fraction non négligeable de catéchine libre, laquelle réagirait également durant les réactions de couplage impliquant cet extrait.

Une autre technique de purification utilisée pour tenter de récupérer au moins une toute petite partie de produit pur consistait à faire l'extraction de ce dernier à l'hexane. Concrètement, pour les cas des couplages avec l'acétone et avec la pentan-2-one, 80 mg de produit brut sec ont été agités dans 40 mL d'hexane ensuite filtrés et évaporés. A peine 1 mg de produit était tiré du filtrat dans chaque cas. Cette quantité était bien en deçà de ce qui est nécessaire aux analyses d'identification.

b) Cas de l'extrait Seed H modifié à une plus grande échelle

Par rapport à l'étude précédente ayant eu recours à 312,5 mg de l'extrait Seed H, il nous a paru opportun d'utiliser une grande quantité d'extrait initial pour confirmer la faisabilité de la réaction à plus grande échelle et/ou disposer, par la suite, de plus de produit. En guise de réaction pilote, cette démarche a été, pour l'instant, limitée au couplage avec l'acétone. Conformément aux conditions précédemment établies pour 312,5 mg d'extrait, nous avons maintenu les mêmes proportions en termes de masse et de volume relatifs aux réactifs et au catalyseur. Nous avons obtenu un rendement massique de 33 %. Cette valeur se trouve bien au dessus de celle (14,1 %) liée à l'usage de 312,5 mg d'extrait.

Signalons que dans une démarche parallèle visant à amoindrir un éventuel impact massif du catalyseur vis-à-vis du pouvoir antioxydant, nous avons réduit d'un quart la quantité du $BF_3.Et_2O$. Cependant, après séchage, puis lavage à l'eau du mélange réactionnel correspondant, la très grande majorité de ce dernier se retrouvait dissoute dans l'eau, traduisant ainsi un échec de la réaction, contrairement au cas antérieur. Le greffage de l'acétone sur l'extrait n'a donc pas significativement eu lieu dans ces conditions.

c) Essai sur l'extrait de québracho

Tout comme pour l'extrait Seed H, nous avons appliqué la réaction de couplage oxa-Pictet-Spengler à l'extrait de québracho, et cela en utilisant, cette fois, uniquement l'octan-2-one comme cétone de greffage. Dans ce cas, nous avons aussi noté que l'extrait de québracho présentait une mauvaise solubilité dans l'octan-2-one. Un rendement massique de 59 % a été obtenu pour ce greffage. Ce rendement semble satisfaisant, en comparaison de celui obtenu dans les mêmes conditions pour l'extrait Seed H (62 %) qui contient probablement un tanin beaucoup plus pur.

III.4.5.2 Spectroscopie RMN

Bien que les tanins ne soient pas des composés purs parfaitement adaptés à une analyse RMN ^1H, il nous est apparu utile de soumettre nos tanins présumés modifiés à cette technique et de comparer les spectres à ceux obtenus pour les dérivés de la catéchine (cf. § III.4.3.1).

a) Analyse RMN ^{1}H de l'extrait Seed H

Les spectres obtenus avec les différentes cétones sont rassemblés sur la figure III.19.

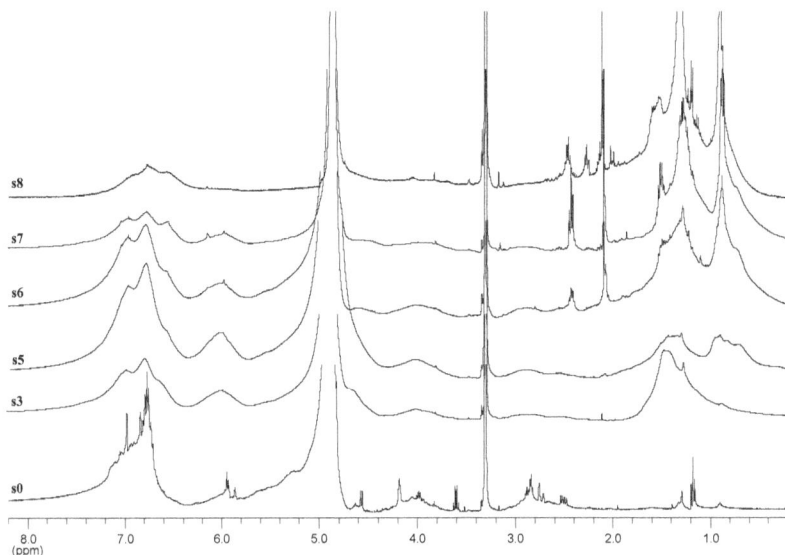

Figure III.19. Spectres RMN ^{1}H (400 Mhz, CD$_3$OD) de l'extrait Seed H (s0) et de ses dérivés découlant du couplage de cet extrait avec l'acétone (s3), la pentan-2-one (s5), l'hexan-2-one (s6), l'heptan-2-one (s7) ou l'octan-2-one (s8).

Nous remarquons, tout d'abord, que la qualité de ces spectres dont la résolution semble médiocre est certainement imputable à la nature hétérogène des tanins. Néanmoins, leur analyse s'avère significative, confortée par le fait que ces spectres présentent, dans l'ensemble, des allures similaires à celles des spectres de dérivés de catéchine (figure III.11). En effet, tout comme pour les dérivés de catéchine, nous pouvons particulièrement noter que les différences par rapport à l'extrait Seed H d'origine sont mises en évidence par l'apparition de pics entre 0,8 et 3 ppm. De plus, dans cet intervalle de déplacement chimique, il apparaît une corrélation positive entre le nombre de protons vus par l'analyse RMN et la longueur de la cétone impliquée dans le greffage. Il est donc très probable que la réaction de couplage oxa-Pictet-Spengler sur l'extrait Seed H a été une réussite. Nous avons ainsi obtenu des tanins auxquels ont été greffées des chaînes carbonées plus ou moins longues. Ce résultat devrait néanmoins être conforté par d'autres analyses. Dans la suite de notre étude, nous désignerons le tanin Seed H couplé à l'acétone par s3, celui couplé la pentan-2one par s5, celui couplé à l'hexan-2-one par s6, celui couplé à l'heptan-2-one par s7 et celui couplé à l'octan-2-one par s8.

Par ailleurs, s'agissant de la réaction avec de plus grandes quantités de réactifs et de catalyseur, la formation du tanin couplé à l'acétone a été bien démontrée par l'analyse RMN ^{1}H, ce qui confirme la faisabilité de la synthèse à plus grande échelle.

Concernant la tentative d'isolement de ces dérivés d'extrait Seed H sur colonne de gel de silice, les présomptions précédentes inhérentes à la CCM quant à la présence de la catéchine couplée à l'acétone ou à l'octan-2-one ont été justifiées par l'analyse RMN ^{1}H des fractions correspondantes. Ainsi, il est confirmé que l'extrait Seed H contient une petite fraction de catéchine libre susceptible de réagir également durant les réactions de couplage impliquant cet extrait

b) Analyse RMN ^{13}C de l'état solide pour l'extrait Seed H

En plus de l'analyse RMN ^{1}H précédente, les structures de l'extrait Seed H et de ses dérivés ont été également élucidées à l'aide de la RMN

^{13}C de l'état solide. Parmi les spectres obtenus, nous présentons ceux de l'extrait d'origine et de son dérivé issu du couplage avec l'octan-2-one (figure III.20).

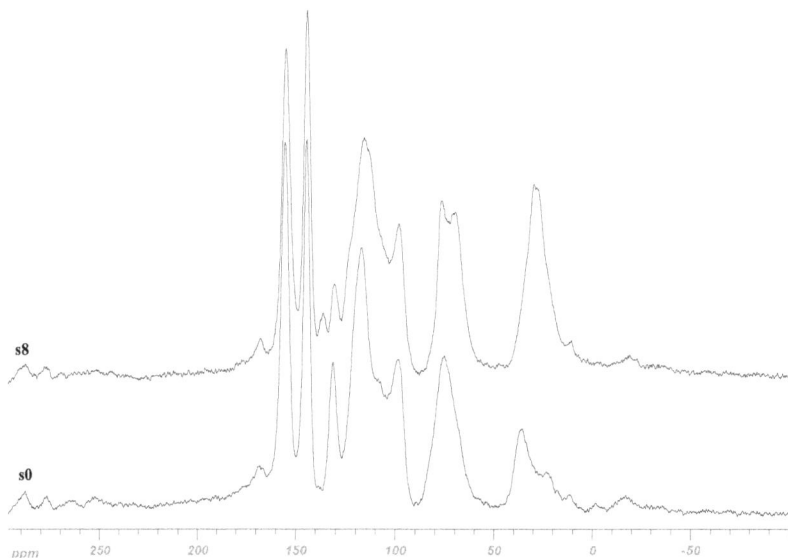

Figure III.20. Spectres RMN ^{13}C de l'état solide (75,47 Mhz) de l'extrait Seed H (s0) et de son dérivé issu du couplage de cet extrait avec l'octan-2-one (s8).

La superposition comparative des spectres de la figure III.18 met principalement en lumière l'apparition d'un grand pic à 28 ppm attribué à une chaîne aliphatique, à savoir celui de l'octan-2-one greffé sur l'extrait de pépin de raisin. En outre, nous notons aussi l'apparition d'un nouveau pic à 70 ppm à côté de celui situé à 75 ppm. Ce pic est le fait de la présence d'un nouvel atome de carbone lié à l'oxygène en position 3 et au carbone en 6' qui sont les sites de greffage spécifiques à notre réaction oxa-Pictet-Spengler. Toutes ces réponses sont ainsi compatibles avec la formation d'un extrait Seed H couplé avec une longue cétone et confirment bien l'analyse RMN ^{1}H correspondante. Nous avons établi les mêmes enseignements pour les autres dérivés d'extraits (aux greffages moins longs) et dont les signaux étaient moins intenses.

c) Analyse RMN ^{1}H de l'extrait de québracho

A l'instar du cas de l'extrait Seed H, la vérification de l'issue du couplage de l'extrait de québracho avec l'octan-2-one a été effectuée *via* une analyse RMN ^{1}H du produit obtenu et de l'extrait initial (figure III.21).

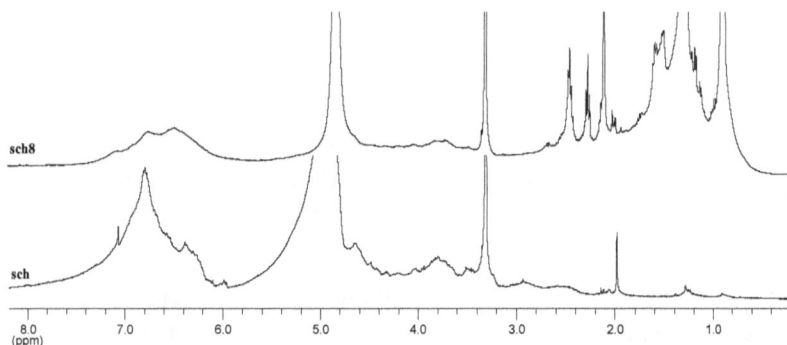

Figure III.21. Spectres RMN [1]H (400 Mhz, CD_3OD) de l'extrait de quebracho (Sch) et de son dérivé issu du couplage de cet extrait avec l'octan-2-one (Sch8).

La comparaison du spectre du produit issu du couplage avec l'octan-2-one (Sch8) et de celui de son homologue parmi les dérivés de l'extrait Seed H (s8, figure III.19), conduit à la même conclusion que précédemment : l'octan-2-one a donc été greffée sur le tanin de québracho par couplage oxa-Pictet-Spengler. Le succès de cet essai qui a été restreint, pour le moment, au greffage de l'octan-2-one, nous pousse de toute évidence à envisager à l'avenir une poursuite expérimentale impliquant les autres cétones habituellement utilisées dans nos travaux. Et vu que, de toutes les cétones auparavant utilisées, l'octan-2-one été celle dans laquelle les différents substrats présentaient visiblement la moins bonne dissolution, nous pouvons prédire que les couplages à transposer sur l'extrait de québracho pour réagir avec les autres cétones seront probablement des succès.

III.4.5.3 Spectroscopie infrarouge

a) Extrait Seed H

L'analyse de dérivés de l'extrait Seed H réalisée par spectroscopie Infrarouge (mesure entre 400 et 4000 cm^{-1}) a débouché sur les spectres de la figure III.22.

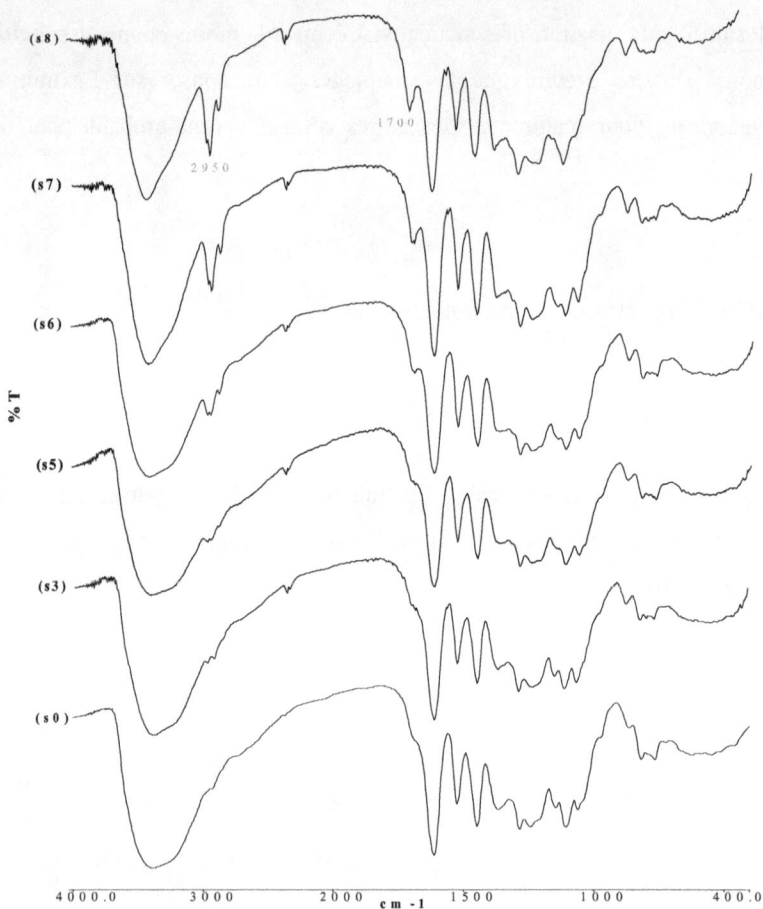

Figure III.22. Spectres IR de l'extrait Seed H (s0) et de ses produits dérivés issus du couplage de cet extrait avec l'acétone (s3), la pentan-2-one (s5), l'hexan-2-one (s6), l'heptan-2-one (s7) ou l'octan-2-one (s8).

Au premier abord, cette superposition spectrale de dérivés de l'extrait Seed H présente globalement de très grandes similitudes avec celle relative à la catéchine (figure III.13). En particulier, l'apparition, par rapport à l'extrait initial, de bandes à environ 2950 cm^{-1} conformes à un greffage de chaînes carbonées est également avérée ici. Ces bandes dont l'intensité évolue suivant la longueur de la cétone greffée, sont cependant moins intenses que dans le cas de la catéchine, pour les tanins couplés à l'acétone, à la pentan-2-one ou à l'hexan-2-one. Ce résultat est vraisemblablement justifié par le fait que les greffages sur les tanins seraient, au vu des structures plus ou moins complexes des substrats, plus difficiles qu'avec la catéchine ; ce qui serait une indication que le rendement de synthèse serait moins bon dans ces cas-là avec l'extrait Seed H qu'avec la catéchine.

Par ailleurs, la présence surprenante de la bande à 1700 cm^{-1} auparavant attribuée à d'éventuelles réactions secondaires telles qu'une crotonisation ou une transformation partielle en quinone est également signalée dans ce contexte.

La réussite du couplage oxa-Pictet-Spengler sur l'extrait Seed H ressort confortée par cette analyse infrarouge.

b) Extrait de québracho

L'analyse infrarouge, du tanin de québracho et de son produit de couplage Sch8 a fourni les spectres de la figure III.23.

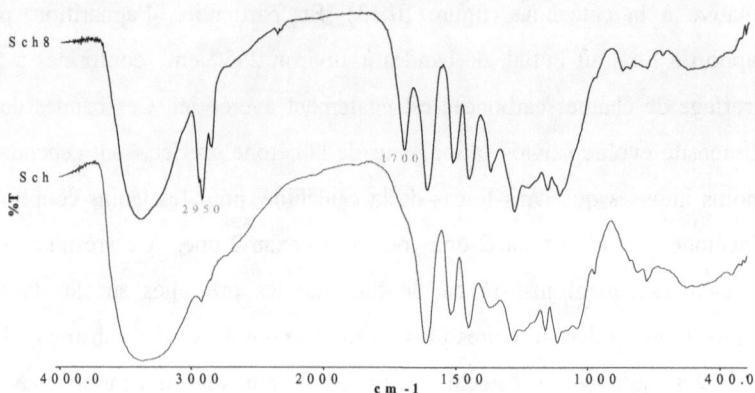

Figure III.23. Spectres IR de l'extrait de quebracho (Sch) et de son produit dérivé (Sch8) issu du couplage de cet extrait avec l'octan-2-one.

Nous remarquons que ces deux spectres sont quasiment identiques à leurs homologues chez l'extrait Seed H. En tenant compte de l'interprétation précédemment faite sur les spectres de ce dernier, sans oublier que l'extrait de québracho, tout comme l'extrait Seed H, contient majoritairement des tanins condensés, nous pouvons dire que l'existence d'un greffage est bien attestée ici. Notre analyse est donc en accord avec l'argument précédent faisant état de la formation d'un tanin de québracho couplé à l'octan-2-one.

III.4.5.4 Analyse HPLC de l'extrait Seed H et de ses dérivés

Celle-ci, réalisée suivant un gradient décrit dans le § II.1.1, s'articule de la manière suivante.

a) HPLC de l'extrait Seed H

Nous avons entamé cette phase par l'étude de l'extrait Seed H afin d'obtenir un chromatogramme de référence devant servir plus tard dans le repérage de pic(s) éventuellement transformé(s) à l'issue d'un greffage de motifs carbonés sur cet extrait. Pour ce faire, nous avons initialement analysé l'extrait Seed H, dissous dans du méthanol, à différentes concentrations dont celle qui pouvait rendre possible une bonne résolution était recherchée. Ainsi, des solutions à 5, 20, 40 et 50 g/L ont été testées et la concentration la plus élevée de toutes permettait une distincte visualisation d'un maximum de pics généralement attribués à différents constituants de l'extrait. Certains de ces constituants (à 1 g/L) ont, du reste, été aussi analysés séparément afin de vérifier la pertinence de notre méthode d'analyse. Ainsi, la confrontation des chromatogrammes de l'extrait, de l'acide gallique, de la catéchine et de l'épicatéchine est visualisée sur la figure III.24.

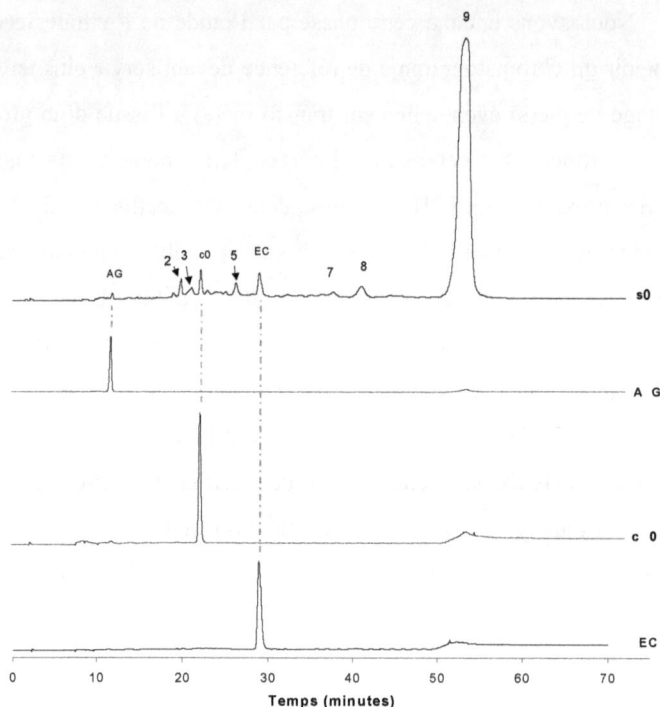

Figure III.24. Chromatogrammes HPLC (détection UV, 280 nm) de l'extrait Seed H (s0) et de certains monomères, acide gallique (AG), catéchine (c0) et épicatéchine (EC). Les autres constituants sont un dimère de procyanidines (2), un trimère de procyanidines (3), un dimère de procyanidines (5), un dimère de procyanidines monogalloylées (7), de l'épicatéchine gallate (8) et un polymère de procyanidines (9).

Nous notons premièrement que le chromatogramme de l'extrait affiche, par rapport aux autres pics, un immense pic non résolu (9) indiquant la prépondérance quantitative de procyanidines polymériques dans ce mélange. Les autres constituants se démarquant légèrement du reste sont la catéchine et l'épicatéchine dont les pics sortent respectivement à

21,6 et à 28,4 minutes. En outre, les attributions exactes, pour les pics de ces derniers et pour celui de l'acide gallique (pic à 11,7 minutes), qui ont été établies entre ces monomères sous forme pure et l'extrait nous confirment la justesse de notre analyse. Pour ce qui concerne les autres pics dont les attributions n'ont pas été vérifiées par nous-mêmes, notamment celui des polymères de procyanidines, leur identification a été inspirée de la similitude de leurs temps de rétention avec ceux relatifs à certains travaux ayant porté sur les mêmes tanins de pépins du raisin *Vitis vinifera*, dans des conditions d'analyse identiques (Peng et coll., 2001). Ainsi, à partir de notre chromatogramme de l'extrait Seed H, nous avons observé un dimère de procyanidines (2), un trimère de procyanidines (3), un autre dimère de procyanidines (5), un dimère de procyanidines monogalloylées (7), de l'épicatéchine gallate (8) et un polymère de procyanidines (9), dont les temps de rétention sont respectivement de 19,4, de 20,7, de 25,8, de 36,9, de 40,1 et de 52,1 minutes.

b) HPLC des dérivés de l'extrait Seed H

Les tanins de pépins de raisin sur lesquels nous avons greffé différentes cétones plus ou moins longues ont été ensuite soumis à une analyse HPLC selon les mêmes conditions que pour le tanin d'origine. Les chromatogrammes qui en ont découlé sont comparés sur la figure III.25.

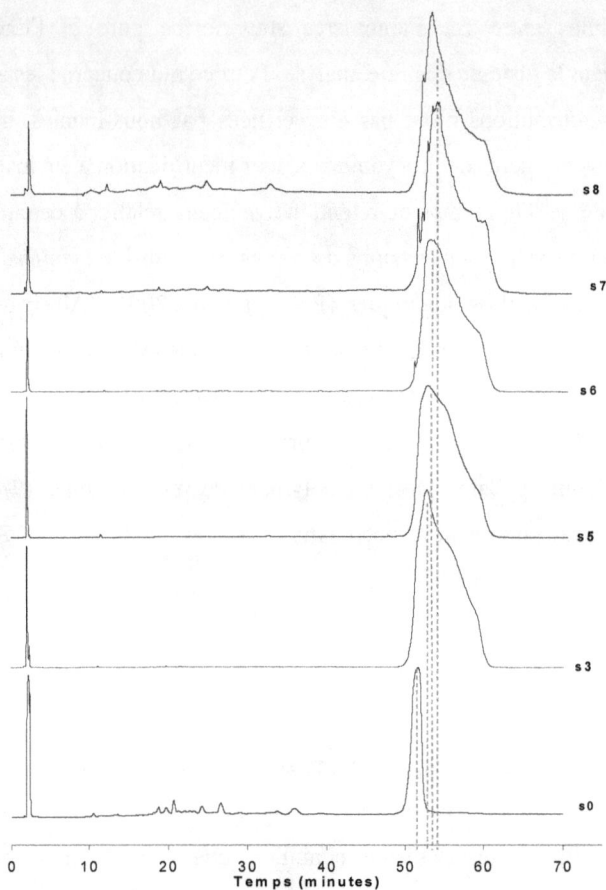

Figure III.25. Chromatogrammes HPLC (détection UV, 280 nm) de l'extrait Seed H (s0) et des ses produits dérivés découlant du couplage de cet extrait avec l'acétone (s3), la pentan-2-one (s5), l'hexan-2-one (s6), l'heptan-2-one (s7) ou l'octan-2-one (s8).

Sur cette figure, nous observons que les chromatogrammes des dérivés de tanin présentent de grands pics irrésolus plus larges que celui du tanin initial. Ces pics sont d'ailleurs, par rapport au tanin d'origine, un peu plus retardés et de plus en plus larges quand la taille de leur cétone greffée augmente. De plus, il n'apparaît pas de pic correspondant à une cétone donnée (cf. figure III.14) qui aurait pu laisser croire que nos dérivés sont apparentés à de simples mélanges de tanins et cétones. Tous ces constats semblent témoigner de l'existence de modifications au niveau des procyanidines polymériques qui deviendraient légèrement moins polaires. Et ceci s'accorde avec l'idée d'un greffage de motifs plus ou moins carbonés ainsi responsables d'une légère baisse de la polarité. Par ailleurs, nous notons que les pics habituellement attribués aux constituants les plus polaires tels que les monomères ou les dimères n'apparaissent plus clairement après le greffage. Un tel fait est probablement dû aux précédents lavages à l'eau visant certes à éliminer l'extrait résiduel non greffé, mais qui emportent aussi certains constituants monomériques ou oligomériques non greffés. Cette dernière idée apparaît confirmée par le fait qu'une analyse de ces mêmes dérivés n'ayant pas été auparavant lavés à l'eau, présente plus de pics relatifs à ces constituants.

Les temps de rétention des dérivés de tanin, comparés à ceux antérieurement établis pour les dérivés de la catéchine et pour les cétones isolés (cf. tableau III.7) sont présentés dans le tableau III.13.

Tableau III.13. Temps de rétention des dérivés de tanin Seed H, des dérivés de catéchine et des cétones.

Nombre de carbones dans la cétone ou dans le motif greffé sur le substrat	Temps de rétention (minutes)		
	Tanin et ses dérivés	Catéchine et ses dérivés	Cétones
-	(s0) 51,9	(c0) 21,6	-
3	(s3) 52,9	(c3) 52,5	7,2
5	(s5) 52,7	(c5) 54,6	21,4
6	(s6) 53,2	(c6) 56,5	38,5
7	(s7) 53,6	(c7) 59,7	55,5
8	(s8) 53,0	(c8) -	-

Ce tableau confirme non seulement l'impossibilité de confusion entre pics de cétones et de ceux de dérivés, mais aussi que les greffages font très peu varier la polarité dans le cas de dérivés de tanin par rapport au cas de la catéchine. Ceci semble cohérent dans la mesure où, contrairement à la catéchine qui est à l'état libre, sur le tanin tous les sites potentiels de greffage ne sont pas toujours libres. Il s'en suit donc probablement des greffages proportionnellement moindres par rapport à leur équivalent en molécules de catéchine. De plus, les groupements OH aliphatiques non greffés atténuent certainement l'impact hydrophobe des greffages. L'utilisation de cétones plus longues pourrait éventuellement mieux faire varier cette polarité.

Tout compte fait, cette analyse par HPLC est cohérente avec l'argument précédemment établi quant à la réussite de l'application du couplage oxa-Pictet-Spengler sur les tanins de pépins de raisin.

III.5 DISCUSSION

III.5.1 Méthodes de synthèse

Malgré un excellent rendement, l'estérification de l'acide gallique par le dodécanol ne peut pas trouver d'application directe aux tanins hydrolysables dont les fonctions COOH des monomères d'acide gallique ne sont pas libres. Le but de cette étude étant de valoriser les tanins, il serait souhaitable d'envisager d'abord l'hydrolyse des tanins hydrolysables d'une essence végétale donnée, puis de les estérifier par un alcool gras. Dans ce cas, nous ne réaliserions certes pas une lipophilisation du tanin sous forme polymérique, mais nous disposerions d'un mélange de monomères ou d'oligomères d'acide gallique lipophilisés dont la solubilité dans les corps gras et les propriétés antioxydantes seraient sans doute appréciables, à condition que la méthode d'hydrolyse utilisée n'affecte pas ses propriétés antioxydantes. De nombreux travaux ont porté sur l'estérification de l'acide gallique s'effectuant exclusivement au niveau de la fonction COOH de ce dernier (Morris et Riemenschneider, 1946, Ault et coll., 1947 ; Van der Kerk et coll., 1951 ; Kubo et coll., 2002). Par rapport à la finalité d'estérification directe des tanins hydrolysables, nous aurions pu tenter d'estérifier, avec un chlorure d'acide gras, un seul groupement hydroxyle de l'acide gallique en recherchant des conditions réactionnelles favorables à une telle situation. Cela nous aurait peut-être permis d'optimiser une application compatible avec le souhait d'un compromis entre des propriétés antioxydantes moyennement diminuées et une lipophilie très améliorée.

En partant d'un même protocole (Ma et coll., 2001), nous avons indifféremment synthétisé des stéarates de tanins de châtaignier, de chêne et de québracho. Nous pouvons cependant regretter de n'avoir pas assez développé les conditions pour une estérification partielle des substrats modèles (acide gallique, catéchol et catéchine) afin de satisfaire à une application optimale et plus adéquate selon que le tanin soit condensé ou hydrolysable. De ce point de vue, rappelons que Lewis et coll. (2000) ont variablement estérifié les isoflavones génistéine et daidzéine avec des chlorures d'acide stéarique ou d'acide oléique en présence d'une base, le butoxide de potassium. Ils ont majoritairement obtenu, soit des isoflavones diestérifiés lorsque les quantités de chlorure d'acide et du catalyseur étaient doublées par rapport à la quantité du substrat, soit des isoflavones monoestérifiés lorsque ces quantités étaient équivalentes. Ces résultats sont d'ailleurs concordants avec ceux de Jin et Yoshioka (2005) qui ont estérifié la catéchine avec un chlorure d'acide laurique. Ces derniers ont principalement obtenu les 3,3',4'-trilauryl et 3',4'-dilaurylcatéchines lorsque les quantités de chlorure d'alcool et de la base (pyridine) étaient doublées par rapport à la quantité du substrat. Par contre, lorsqu'ils remplaçaient la base par du dioxane, ils obtenaient majoritairement la 3-laurylcatéchine, après un temps réactionnel très long (4 jours). Si nous tenons compte de tous ces enseignements et que nous revenons sur nos stéarates de tanins, nous pouvons penser que ceux issus du rapport massique 1/1 et/ou 5/1 sont ceux dont les groupements OH ont été les moins estérifiés. La vérification de tels résultats est notamment réalisable *via* une mesure des propriétés antioxydantes comme nous le verrons dans le chapitre IV.

En outre, ayant constaté, selon les travaux cités, que la réduction quantitative ou la suppression d'un catalyseur basique favorisait aussi la formation de substrats monoestérifiés, nous pouvons supposer que notre utilisation de l'acide para-toluènesufonique, peu courante dans ce type d'estérification, s'inscrit dans ce but tout en évitant de longues réactions. Dans ce sens, une autre approche que nous aurions pu réaliser aurait donc été d'utiliser très modérément un catalyseur basique.

Concernant le couplage oxa-Pictet-Spengler, signalons que la synthèse de dérivés de la catéchine a été réalisée aussi par Hakamata et coll. (2006). Ces auteurs ont réalisé leur réaction à –5 °C avec du triméthylsilyl trifluorométhanesulfonate comme catalyseur et du tétrahydrofurane comme solvant. Ils ont utilisé des cétones symétriques, à savoir l'acétone, la pentan-3-one, l'heptan-4-one, la nonan-5-one, l'undécan-6-one et la tridécan-7-one dont les rendements des réactions les impliquant étaient respectivement de 76, 73, 67, 59, 53 et 45 %. En ce qui nous concerne, nous avons synthétisé tous nos dérivés à température ambiante uniquement avec le $BF_3.Et_2O$ et avec des cétones servant à la fois comme solvants et comme substances de greffage, ces conditions apparaissant plus simples et plus douces. Rappelons que nous avons utilisé l'acétone, la pentan-2-one, l'hexan-2-one, l'heptan-2-one et l'octan-2-one dont les rendements des réactions impliquant ces cétones ont été respectivement de 53, 27, 28, 50 et 48 %. Par ailleurs, notons que notre choix d'utiliser des cétones ayant leur fonction carbonyle particulièrement en position 2 ne serait pas sans importance. Ces cétones non symétriques ont certes rendu l'analyse RMN moins aisée du fait de la formation de deux diastéréomères à l'issue de chaque réaction (sauf avec l'acétone), mais pourraient présenter l'avantage d'être moins encombrantes lors de leur greffage sur les tanins. En effet, si nous comparons par exemple le greffage de la catéchine par les isomères heptan-2-one et heptan-4-one, à partir du même site d'ancrage, il apparaitra d'une part un groupement méthyle et une chaîne pentyle, d'autre part deux chaînes propyle. D'un point de vue stéréochimique, dans le cas de la catéchine dont le voisinage du site de greffage est dégagé, ni l'une ou l'autre de ces deux situations ne semble très favorisée ; par contre dans le cas des tanins condensés qui sont naturellement encombrés, il apparaît plus commode d'y intégrer une seule chaîne alkyle longue (et un groupe méthyle) au lieu de deux.

Nous avions envisagé le greffage d'un motif approprié sur le cycle A de la catéchine par une séquence synthétique faisant intervenir un réarrangement diénone-phénol suivie d'une réaction de couplage de type Michael (cf. § I.6.4.b). Mais on peut voir un sérieux inconvénient dans le fait que ce greffage régiosélectif s'opère au niveau du groupement OH en position 7 (cf. figure I.21) qui a une importance non négligeable dans les propriétés antioxydantes. De plus, cette méthode, utilisée par Awale et coll. (2002), a un rendement considérablement amoindri lorsque le phénylpropanoïde de greffage est substitué même avec le plus petit groupement alkoxy, *a fortiori* avec un groupement plus important qui rendrait le composé lipophile. Soulignons aussi qu'un phénylpropanoïde substitué est un motif encombrant dont le greffage sur les tanins semble très peu probable. Finalement, cette méthode fait figure de bonne perspective seulement si on considère la catéchine ou un autre composé flavanique simple.

III.5.2 Méthodes de caractérisation des dérives de tanins

Même si d'autres techniques supplémentaires auraient pu être utiles dans notre étude, les structures des dérivés de catéchine ont été premièrement bien élucidées à travers des analyses RMN et infrarouge.

Ensuite, grâce à différentes analyses cohérentes confortées par des comparaisons de résultats relatifs aux dérivés de catéchine, nous avons mis en évidence l'élaboration de divers dérivés de tanin. Cependant, l'état principalement polymérique de nos tanins n'a pas permis à nos analyses, notamment la RMN, de caractériser précisément les structures des motifs greffés et d'éventuellement estimer la proportion des sites de greffage ayant donné satisfaction. En réponse à ces quelques manquements, il pourrait être intéressant de soumettre nos dérivés de tanin, avant les analyses, à des fractionnements pouvant ainsi permettre, non seulement une purification beaucoup plus rigoureuse, mais aussi une élucidation précise de la structure de courts oligomères greffés qui en résulteraient. Une analyse par HPLC y serait également plus adaptée et ne présenterait plus de pics non résolus. Puis, en rassemblant les différentes analyses séquentielles, il serait alors peut-être possible de mieux cerner la structure globale du dérivé. Une telle approche pourrait être significative à condition que la méthode de fractionnement à utiliser n'affecte pas les motifs greffés sur les dérivés.

CHAPITRE IV

PROPRIÉTES ANTIOXYDANTES ET LIPOPHILIE

Ayant réalisé des greffages chimiques de motifs carbonés plus ou moins longs sur des molécules modèles et sur des tanins, nous poursuivons notre travail en étudiant l'évolution des propriétés antioxydantes et de la lipophilie de ces nouveaux composés. A cet effet, d'une part, le pouvoir antioxydant a été mis en évidence par deux méthodes : l'inhibition de l'oxydation induite du linoléate de méthyle, et la réactivité avec le DPPH. D'autre part, la lipophilie a été analysée *via* la détermination de la constante de partage entre eau et octan-1-ol par la méthode du flacon agité (shake-flask). Les résultats correspondants se présentent de la manière suivante.

IV.1 POUVOIR ANTIOXYDANT DES COMPOSÉS D'ORIGINE ET DE LEURS DÉRIVÉS

Dans cette étude, l'activité antioxydante (AAO) a été définie (cf. chapitre II) en comparant la consommation d'oxygène en un temps donné en présence des composés phénoliques (ΦOH) et la consommation d'oxygène en absence de ces composés. Ce dernier cas où l'antioxydant est absent était le témoin tout au long de cette étude. L'oxydation du linoléate de méthyle (LH) par O_2, amorcée par l'azoisobutyronitrile, était suivie à 60°C par la mesure de la consommation du dioxygène. Pour évaluer l'activité antioxydante de nos dérivés présumés antioxydants, nous avons déterminé, pour chaque échantillon, le pourcentage d'inhibition de l'oxydation au bout de 2,5 heures.

Le pouvoir antioxydant des composés d'origine et de leurs dérivés a été également mesuré en évaluant leur réactivité avec le radical libre 2,2-diphényl-1-picrylhydrazyle (DPPH). Les résultats ont été le plus souvent obtenus par la détermination de la concentration d'antioxydant nécessaire pour faire disparaître 50% du DPPH à l'équilibre (concentration efficace CE_{50}). Nous avons aussi, dans quelques cas, déterminé la constante de vitesse de la réaction entre DPPH et antioxydant.

IV.1.1 Composés et extraits modifiés par estérification

IV.1.1.1 Catéchol estérifié par l'acide stéarique

Une mesure du pouvoir antioxydant a été effectuée pour le catéchol et son dérivé qui a résulté de son estérification par l'acide stéarique. A la concentration habituelle (voir plus loin) de 2.10^{-4} M, ces composés se sont révélés inefficaces. A la concentration de 5.10^{-4} M, leur pouvoir antioxydant était mesurable. Au bout de 2,5 h nous avons mesuré (courbes non représentées) des pourcentages d'inhibition de 83 % pour le catéchol et de 32 % pour son ester. Ces résultats montrent que le catéchol conserve une bonne partie de son activité antioxydante, précisément 39 %. Rappelons que le dérivé contient en moyenne au moins 0,6 chaîne C_{18} par molécule. L'AAO est donc globalement conforme à ce qu'on pouvait attendre. Elle a pu être diminuée aussi du fait qu'on a fait la préparation de l'ester sans précaution particulière contre l'oxydation.

IV.1.1.2 Extraits

L'analyse des propriétés antioxydantes par la méthode de l'oxydation induite de LH a été réalisée pour les extraits de châtaignier, de chêne et de québracho ainsi que pour leurs dérivés issus d'une estérification par l'acide stéarique. Nous avons aussi traité l'acide gallique et le laurylgallate dont il a dérivé par estérification par l'alcool laurique. Cette analyse a été faite à des concentrations de 0,15 g/L pour nos échantillons. Elle a débouché sur les courbes illustrées par la figure IV.1.

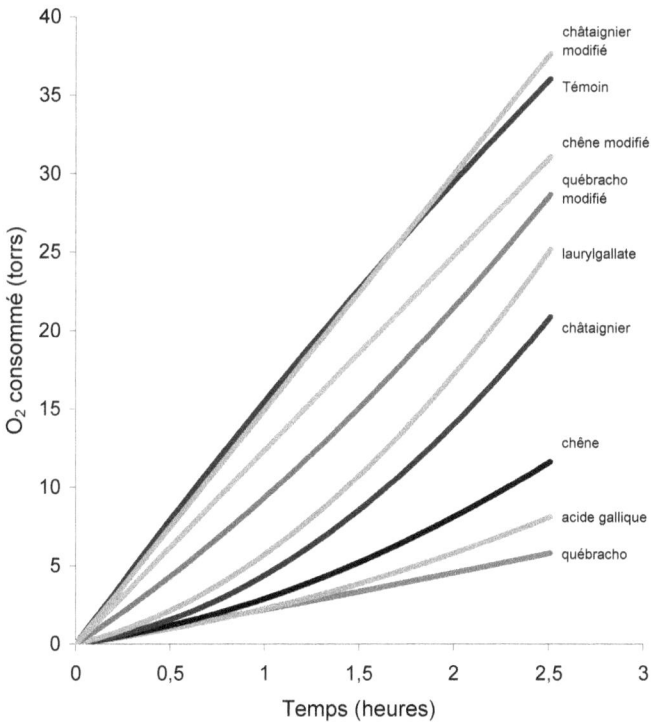

Figure IV.1. Consommation d'oxygène lors de l'oxydation du linoléate de méthyle en présence de différents composés à 0,15 g/L.

Soulignons tout d'abord que, pour les tanins non modifiés, le pouvoir antioxydant le plus élevé est celui des extraits de québracho, suivis de ceux de chêne et de châtaignier. Les propriétés de l'acide gallique sont, quant à elles, situées entre celles des extraits de chêne et de québracho. Comme les tanins de chêne et de châtaignier sont de type hydrolysable, on n'est pas surpris que l'acide gallique pur soit un peu plus efficace que ces derniers. De plus, il apparaît très clairement que, pour tous les composés et extraits, la capacité antioxydante a été fortement diminuée suite aux estérifications, surtout pour le dérivé du tanin de châtaignier qui présente une perte totale de cette capacité. La hiérarchie de ces propriétés pour les dérivés est la même que celle des tanins d'origine. Les pourcentages d'inhibition de l'oxydation du LH sont présentés dans le tableau IV.1.

Tableau IV.1. Pourcentages d'inhibition de l'oxydation de LH par les tanins de quelques essences végétales et leurs dérivés issus d'estérification et utilisés à une concentration de 0,15 g/L.

	AAO (%)	
	Avant estérification	Après estérification
Tanin de québracho	83	23
Tanin de chêne	64	14
Tanin de châtaignier	40	~ 0
Acide gallique	76	33

En confrontant les valeurs obtenues avant et après estérification, il ressort que les conservations du pouvoir antioxydant après modification sont de 28, 22, 0 et 43 % respectivement pour les tanins de québracho, de chêne, de châtaignier et pour le laurylgallate. Il semble donc évident que les estérifications mises en oeuvre ont altéré au moins aux 3/4 les propriétés antioxydantes des produits qui en ont résulté, si l'on ne tient pas compte de l'estérification de l'acide gallique qui s'effectue au niveau de la fonction COOH. Rappelons toutefois que les synthèses ayant généré ces dérivés n'avaient pas été faites à l'abri de l'air. Mais malgré ce fait et sachant qu'en absence de désaération, l'une des diminutions les plus sévères a été de 42 % dans le cas des réactions de couplage (voir plus loin), nous déduisons que ces altérations sont, dans ce contexte-ci, plus prononcées que pour les dérivés issus du couplage oxa-Pictet-Spengler. Cette observation s'explique par le fait que, contrairement au couplage évoqué, les estérifications effectuées, excepté celle de l'acide gallique, visent indifféremment toutes les fonctions hydroxyle, y compris celles qui sont importantes pour les propriétés antioxydantes, comme nous l'avons souligné dans le cas de l'estérification du catéchol. D'ailleurs, ce résultat concorde avec ceux du paragraphe III.2.2.2 relative aux analyses IR dans lesquelles une baisse d'intensité des bandes attribuées aux groupements OH laissait déjà présager des activités antioxydantes fortement réduites.

IV.1.2 Dérivés de catéchine issus du couplage oxa-Pictet-Spengler

IV.1.2.1 Produits isolés par chromatographie sur colonne

Inhibition de l'oxydation de LH (mesure de AAO)

Nous avons d'abord analysé les dérivés issus de la réaction ayant servi de premier essai dans l'utilisation du catalyseur $(C_2H_5)_2O.BF_3$ en remplacement de l'APTS pour faire réagir la catéchine avec l'acétone, la pentan-3-one ou le n-butanal. Les résultats obtenus sont illustrés sur la figure IV.2 pour une concentration de chaque dérivé de 2.10^{-4} M.

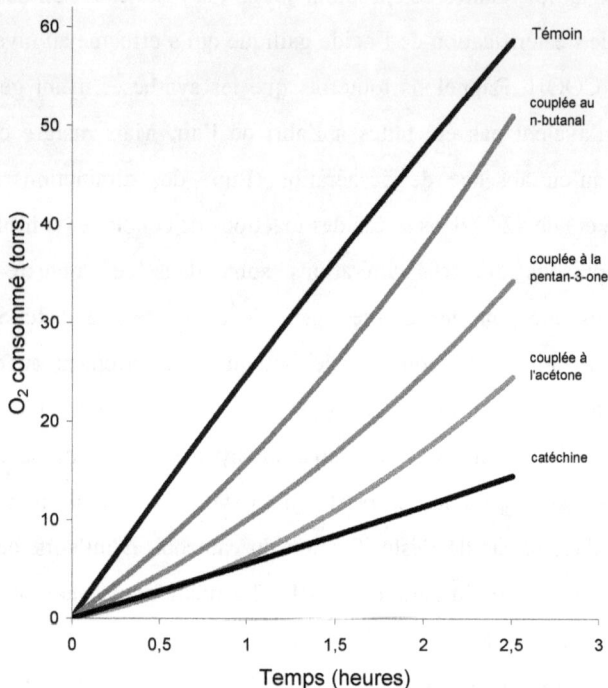

Figure IV.2. Consommation d'oxygène lors de l'oxydation du linoléate de méthyle en présence de catéchine et des produits obtenus par couplage de la catéchine avec l'acétone, la pentan-3-one ou la n-butanal, et purifiés sur colonne.

Ces courbes indiquent que la consommation d'oxygène est considérablement ralentie en présence de catéchine, et variablement ralentie en présence des dérivés de catéchine. Les pourcentages d'inhibition de l'oxydation de LH mesurés sont de 76, 61, 45, et 17 % respectivement pour la catéchine et ses dérivés couplés avec l'acétone, la pentan-3-one et la butanal. La catéchine couplée au butanal ne conserve finalement que 22 % du pouvoir antioxydant de la catéchine à l'issue de la réaction de couplage, ce qui semble indiquer que le couplage avec un aldéhyde est moins intéressant pour la préservation du pouvoir antioxydant.

Dans un second temps, nous nous intéressons aux dérivés de la catéchine dont le greffage de motifs carbonés s'est effectué uniquement avec des cétones et dans les meilleures conditions de synthèse définies au paragraphe III.4.2. L'inhibition de l'oxydation par ces composés à une concentration de 2.10^{-4} M pour la catéchine et ses dérivés issus du couplage avec l'acétone, la pentan-2-one, l'hexan-2-one, l'heptan-2-one et l'octan-2-one est illustrée par la figure IV.3.

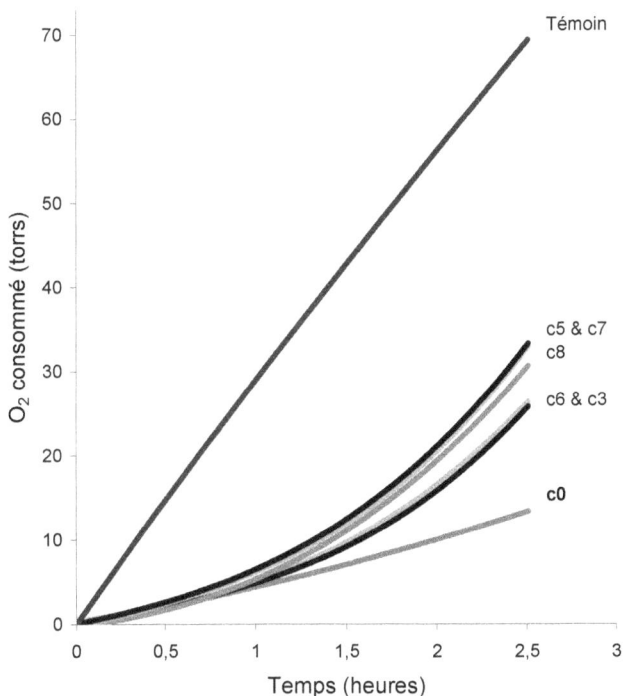

Figure IV.3. Consommation d'oxygène lors de l'oxydation du linoléate de méthyle en présence de catéchine (c0) et des produits obtenus par couplage de la catéchine avec l'acétone (c3), la pentan-2-one (c5), l'hexan-2-one (c6), l'heptan-2-one (c7) ou l'octan-2-one (c8), et purifiés sur colonne.

Une vue d'ensemble de ces courbes nous indique tout d'abord, qu'en présence de catéchine et de ses dérivés, la consommation d'oxygène est très fortement ralentie. Jusqu'à environ 1 h tous les composés ont à peu près la même efficacité, puis l'inhibition apparaît sensiblement plus efficace en présence de la catéchine. Pour tous les dérivés de catéchine, l'inhibition est à peu près la même, quelle que soit la longueur de la chaîne greffée. Les pourcentages d'inhibition correspondants sont consignés dans le tableau IV.2.

Tableau IV.2. CE_{50} et pourcentages d'inhibition (AAO) de l'oxydation de LH par la catéchine et ses dérivés à 2.10^{-4} M obtenus après purification sur colonne de gel de silice

	AAO (%)	AAOR (%)	CE_{50} (µM)
c0	76	-	35
c3	63	83	35
c5	53	70	34
c6	62	82	37
c7	52	68	32
c8	56	74	36

Pour comparer les AAO de la catéchine et de ses dérivés, on peut on peut définir une activité antioxydante relative, AAOR, comme le rapport de l'AAO du dérivé à l'AAO de la catéchine. Ainsi le dérivé c3 a conservé 83 % de la capacité antioxydante de la catéchine. De la même façon, les AAOR de c6, de c8, de c5 et de c7, ont été respectivement maintenus à 82, 74, 70 et 68 %. Dans tous les cas, les dérivés ont conservé au moins les 2/3 du pouvoir antioxydant de la catéchine. Sachant que la réaction de couplage oxa-Pictet-Spengler ne concerne en principe pas les groupements

OH impliqués dans le pouvoir antioxydant, nous pouvons penser que cette baisse des propriétés pourrait être le fait d'éventuels effets oxydatifs cumulés au sein des mélanges réactionnels. En effet, bien qu'ayant bien désaéré les différents mélanges réactionnels, l'usage du $BF_3.Et_2O$, catalyseur très acide, pourrait néanmoins un peu altérer nos composés phénoliques sensibles. De plus, durant les opérations de purification, nos dérivés ont pu être éprouvés notamment lorsque ces derniers ont été en contact prolongé avec le gel de silice lors de leur isolement. Notons que l'évaporation des solvants d'élution a été faite sous vide et au plus à 30 °C.

Réaction avec le DPPH ; mesure de la constante de vitesse

L'évaluation de l'activité antioxydante par suivi de l'absorbance, au moyen d'un spectrophotomètre à écoulement bloqué, du radical libre DPPH réagissant avec les dérivés a été réalisée ici uniquement pour la catéchine et son dérivé issu du couplage avec l'acétone et obtenu après purification sur colonne de gel de silice.

Pour s'affranchir de l'incertitude sur la valeur absolue de l'absorbance, nous avons utilisé la méthode de Guggenheim (voir annexe II) pour la mesure de la constante de vitesse de la réaction dans les conditions telles que $[\Phi OH]_0 >> [DPPH]_0$. L'absorbance de la solution au cours du temps et la transformée de Guggenheim sont décrites par la figure IV.4.

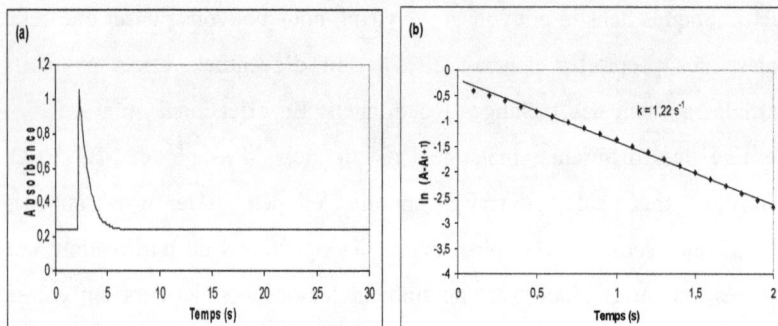

Figure IV.4. Détermination de la constante de vitesse. Evolution de l'absorbance (à 520 nm) du DPPH 10^{-4} M réagissant avec la catéchine couplée à l'acétone $1,1.10^{-2}$ M (a) et transformée de Guggenheim (b).

Nous mesurons des constantes de vitesse de pseudo ordre 1, $k = 1,76$ s^{-1} pour la catéchine et $k = 1,22$ s^{-1} pour la catéchine couplée à l'acétone.

Le pouvoir antioxydant d'un composé est d'autant plus élevé que sa constante de vitesse est plus grande. Tout comme dans le contexte précédent utilisant l'inhibition de l'oxydation de LH, nous enregistrons ici une conservation satisfaisante du pouvoir antioxydant après modification, soit 70 %, peu éloignés des 83 % déterminés suivant l'autre méthode.

Réaction avec le DPPH ; détermination de la CE_{50}

Malgré sa justification théorique, la méthode précédente est rarement utilisée comme test de pouvoir antioxydant. Les auteurs préfèrent généralement utiliser la méthode suivante, dans laquelle on détermine la concentration d'antioxydant nécessaire à faire disparaître 50 % d'une quantité choisie de DPPH, à l'équilibre, la CE_{50}. En pratique, l'équilibre est atteint à des temps différents selon les composés, et nous avons fait la mesure à 100 secondes pour la catéchine et ses dérivés.

Ainsi, le suivi de la réaction du DPPH 100 µM avec la catéchine couplée avec l'acétone à une concentration de 50, 20 ou 10 µM est présenté sur la figure IV.5.a. On en déduit par interpolation la CE_{50} (figure IV.5.b).

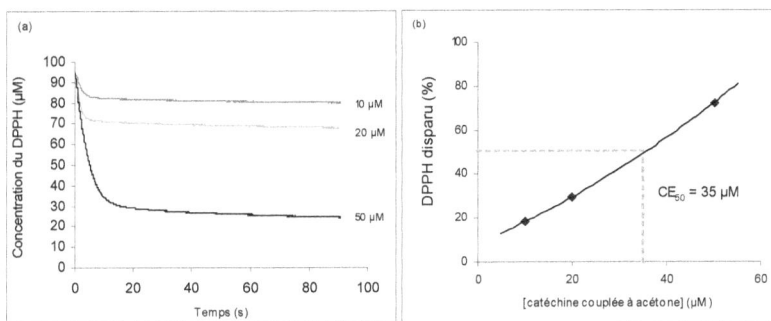

Figure IV.5. Suivi de [DPPH] 100 µM réagissant avec la catéchine couplée avec l'acétone à différentes concentrations (a) et détermination de la CE_{50} (b).

Nous avons ainsi déterminé les CE_{50} de la catéchine et de ses dérivés c3, c5, c6, c7 et c8. Nous avons mesuré une valeur de 35 µM pour la catéchine non modifiée. Les résultats ont été ajoutés dans le tableau IV.2.

Ces valeurs nous indiquent globalement que les pouvoirs antioxydants ont été bien préservés après les différentes modifications. En effet, nous nous apercevons, comme dans l'analyse *via* l'inhibition de l'oxydation de LH, que le dérivé c3 est l'un de ceux ayant les meilleures propriétés antioxydantes (CE_{50} = 35 µM, identique à celle de la catéchine non modifiée). Ensuite, viennent c7, c5, c8 et c7. On peut cependant noter que les dérivés sont beaucoup plus proches de la catéchine dans le test au DPPH que dans l'inhibition de l'oxydation de LH.

IV.1.2.2 Produits isolés par lavage à l'eau

Inhibition de l'oxydation de LH (AAO)

Nous portons ici notre attention sur les résultats de l'analyse des dérivés de catéchine obtenus après purification par lavage à l'eau. Les inhibitions d'oxydation pour ces dérivés toujours à une concentration de 2.10^{-4} M sont représentées sur la figure IV.6.

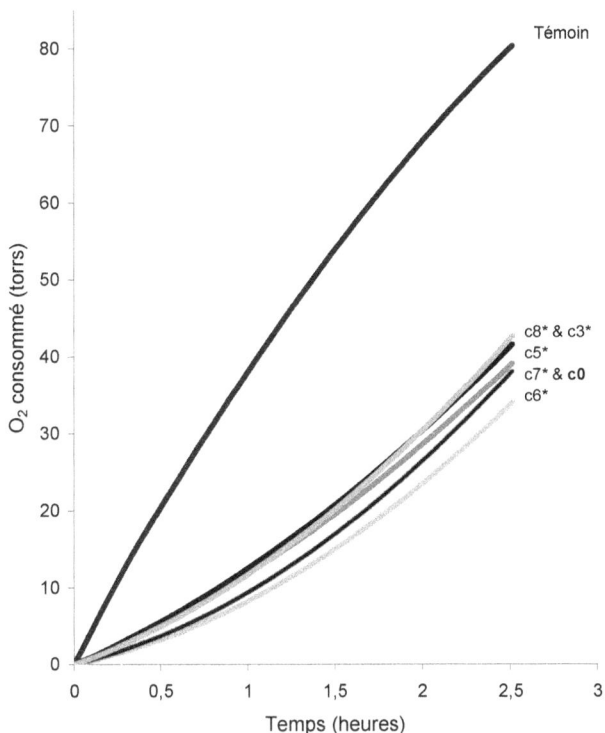

Figure IV.6. Consommation d'oxygène lors de l'oxydation du linoléate de méthyle en présence de catéchine (c0) et de ses produits dérivés [obtenus après purification par lavages à l'eau] du couplage de la catéchine avec l'acétone (c3*), la pentan-2-one (c5*), l'hexan-2-one (c6*), l'heptan-2-one (c7*) ou l'octan-2-one (c8*).

Par rapport aux courbes précédentes faisant référence aux dérivés de catéchine obtenus après purification sur colonne de gel de silice, nous remarquerons d'abord que la courbe relative à la catéchine n'occupe pas ici la même position. Bien que nous soyons placés dans les mêmes conditions que précédemment, cette différence est probablement le fait d'un changement de lot de solutions analytiques de réactifs, en l'occurrence LH. En effet, le linoléate que nous utilisons est obtenu par distillation d'un produit commercial très impur ; son degré d'oxydation est variable selon le lot et selon son vieillissement ; on peut vérifier sur les figures IV.3 et IV.6 que LH s'oxyde un peu plus vite sur cette dernière. Concernant l'oxydation en présence d'additifs, nous observons, d'après ces courbes, que les différentes inhibitions sont presque toutes identiques, catéchine comprise. Les efficacités antioxydantes mesurées à partir de ces courbes sont présentées dans le tableau IV.3.

Tableau IV.3. CE_{50} et pourcentages d'inhibition (AAO) de l'oxydation de LH par la catéchine et ses dérivés à 2.10^{-4} M obtenus après purification par lavage à l'eau.

	AAO (%)	AAOR (%)	CE_{50} (μM)
c0	53	-	35
c3*	48	91	30
c5*	52	98	30
c6*	58	109	22
c7*	53	100	25
c8*	47	89	37

A travers ce tableau et le précédent, nous avons la confirmation que les pouvoirs antioxydants de tous les composés purifiés par lavage à l'eau sont très proches de ceux purifiés sur colonne. Mais en plus, il apparaît que, contrairement aux mêmes dérivés issus d'une purification sur colonne de gel de silice, un composé, en l'occurrence le c6*, présente un pouvoir antioxydant plus élevé que celui de la catéchine initiale (AAOR = 109 %). Nous avons ainsi, dans le pire des cas, 89 % de l'activité antioxydante préservée après les modifications de la catéchine. Les meilleures AAOR peuvent trouver une explication dans le mode de purification utilisé ici pour obtenir ces dérivés qui ont été synthétisés exactement de la même manière que les dérivés obtenus après purification sur colonne de gel de silice. Il serait ainsi possible, comme évoqué précédemment, que le passage prolongé de nos dérivés dans le gel de silice, acide, éprouve les fonctions relatives aux propriétés antioxydantes contrairement aux lavages neutres et rapides à l'eau.

Réaction avec le DPPH ; détermination de la CE$_{50}$

Nous avons évalué le pouvoir antioxydant des mêmes dérivés en déterminant la concentration efficace (CE$_{50}$). Les résultats sont donnés dans le tableau IV.3. Nous notons que c'est le dérivé c6* qui est le plus efficace (CE$_{50}$ = 22 µM), suivi du c7*. Dans ce contexte, les pouvoirs antioxydants apparaissent encore plus satisfaisants que ceux des dérivés isolés par chromatographie sur colonne. Cela semble mettre en lumière l'avantage, pour les lavages à l'eau, de mieux préserver les propriétés antioxydantes de nos composés durant leur purification. Tous ces constats sont similaires à ceux auparavant mentionnés quant à l'analyse par le suivi de l'inhibition de l'oxydation de LH. Globalement, les deux méthodes démontrent une conservation à peu près parfaite de la capacité antioxydante de la catéchine après sa modification.

IV.2.3 Influence du catalyseur sur le pouvoir antioxydant.

Nous avons mesuré le pouvoir antioxydant de produits dont la seule particularité réside dans la quantité de catalyseur utilisée pour leur synthèse (voir § III.4.2). Il s'agit des produits de couplage de la catéchine couplée avec l'acétone obtenus en faisant varier la quantité du catalyseur $(C_2H_5)_2O.BF_3$ (10, 18, 27 ou 42 µL) dans des réactions de greffage. Les taux d'inhibition correspondants (courbes non représentées) sont donnés dans le tableau IV.4.

Tableau IV.4. Pourcentages d'inhibition de l'oxydation de LH concernant les catéchines ayant été couplées avec l'acétone selon la quantité de catalyseur $BF_3.Et_2O$ utilisée. En dernière ligne, l'AAO de la catéchine.

Quantité de $BF_3.Et_2O$ (µL)	AAO (%)	AAOR (%)
42	38	50
27	53	70
18	59	78
10	64	84
catéchine	76	-

Nous pouvons constater dans ce tableau que les taux d'inhibition des catéchines couplées avec l'acétone évoluent dans le sens contraire de la quantité de $BF_3.Et_2O$ utilisée pour réaliser ces couplages. Ainsi, le catalyseur $BF_3.Et_2O$, altérerait les propriétés antioxydantes des dérivés de la catéchine au cours des modifications chimiques.

Notons en outre que le recours à une quantité de 10 µL de $BF_3.Et_2O$ se présente comme le cas le plus intéressant car favorisant le moins une altération des propriétés antioxydantes. Cependant, rappelons que, pour toute notre étude nous avions choisi d'utiliser 27 µL de catalyseur car cette quantité nous a paru être un bon compromis pour l'obtention de dérivés aux propriétés pas trop diminuées avec des rendements satisfaisants (cf. § III.4.2). Une synthèse de la catéchine couplée à l'acétone a été réalisée avec une très grande quantité de catalyseur (440 au lieu de 27 µL). Le produit obtenu n'a conservé que 40 % du pouvoir antioxydant de la catéchine initiale, ce qui est tout à fait cohérent avec les valeurs des AAOR du tableau IV.4.

Si on admet que les produits de couplage sont souillés par le catalyseur, il est intéressant de tester la responsabilité de ce dernier dans l'altération du pouvoir antioxydant. A cet effet, nous avons ajouté, directement le catalyseur dans le réacteur d'oxydation de LH. Les courbes qui en ont résulté sont présentées sur la figure IV.7.

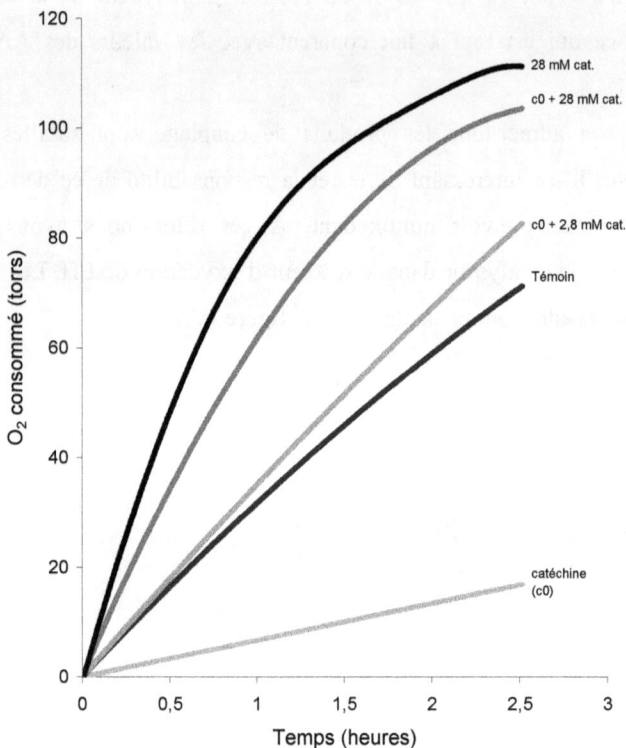

Figure IV.7. Consommation d'oxygène lors de l'oxydation du linoléate de méthyle en présence de catéchine 2.10^{-4} M et du catalyseur (cat.) $BF_3.Et_2O$ à 2,8 mM ou à 28 mM dans ce mélange réactionnel.

Cette figure nous permet d'observer tout d'abord que le catalyseur accélère fortement l'oxydation de LH. La consommation d'oxygène en présence de catéchine présente l'évolution habituelle, bien en dessous de celle du témoin et indiquant une inhibition efficace. A l'inverse, en présence du catalyseur à 2,8 mM, la catéchine n'inhibe plus du tout l'oxydation mais l'effet global est légèrement prooxydant. Cet effet se manifeste même très intensément lorsqu'une concentration 10 fois plus importante de catalyseur a été utilisée.

Ces résultats montrent clairement que le catalyseur a un effet prooxydant. Quand c'est le seul additif (courbe supérieure de la figure IV.7), la réaction est si rapide que l'oxygène et le linoléate de méthyle sont rapidement épuisés, et la courbe d'oxydation tend vers un palier. Dans les mêmes conditions, si on ajoute la catéchine, l'effet prooxydant du catalyseur est sensiblement diminué et le palier est atteint beaucoup moins rapidement. Revenons aux expériences illustrées par le tableau IV.4 : l'effet inhibiteur de la catéchine modifiée est d'autant plus atténué qu'elle a été préparée avec plus de catalyseur. On peut donc penser que, plus on a utilisé de catalyseur, plus il en reste comme impureté dans la catéchine modifiée, et plus l'effet antioxydant de la catéchine modifiée est contrecarré par le résidu de catalyseur.

IV.1.3 Dérivés d'extraits issus de la réaction de couplage

IV.1.3.1 Extrait de pépins de raisin et ses dérivés

Inhibition de l'oxydation de LH (mesure de AAO)

Comme pour la catéchine, nous avons testé l'activité antioxydante de l'extrait Seed H et de ses dérivés dans l'oxydation induite de LH. Les résultats sont présentés sur la figure IV.8.

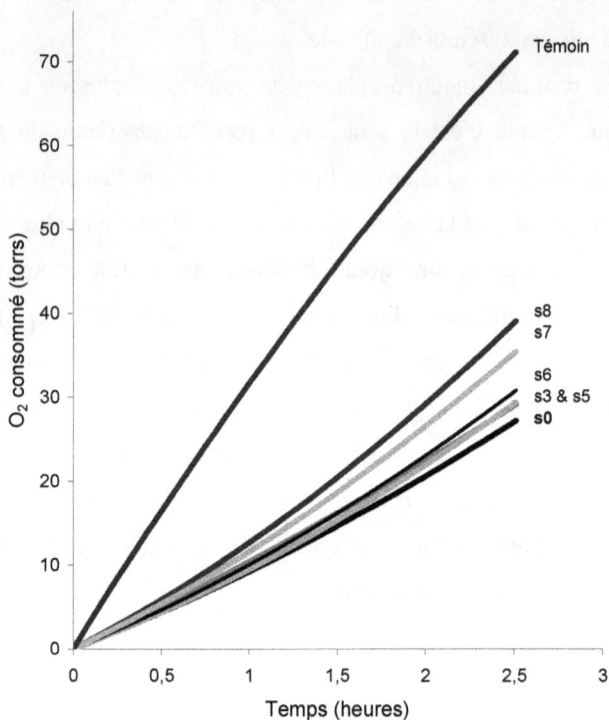

Figure IV.8. Consommation d'oxygène lors de l'oxydation du linoléate de méthyle en présence, à une concentration de 0,1 g/L, de l'extrait Seed H (s0) et de ses produits dérivés issus de son couplage avec l'acétone (s3), la pentan-2-one (s5), l'hexan-2-one (s6), l'heptan-2-one (s7) ou l'octan-2-one (s8).

Nous notons, dans l'ensemble, que ces courbes reflètent des propriétés antioxydantes des dérivés proches de celles du tanin d'origine. Les valeurs de ces propriétés déterminées pour chaque composé sont consignées dans le tableau IV.5.

Tableau IV.5. Pourcentages d'inhibition de l'oxydation de LH par l'extrait Seed H et ses dérivés utilisés à une concentration de 0,1 g/L.

	AAO (%)	AAOR (%)
s0	60	-
s3	57	95
s5	57	95
s6	55	92
s7	48	80
s8	44	73

En comparant la valeur de l'AAO de chaque dérivé avec celle du tanin initial, nous enregistrons que la conservation du pouvoir antioxydant représente 95, 95, 92, 80 et 73 % respectivement pour les dérivés s5, s3, s6, s7 et s8. Ces résultats montrent que le pouvoir antioxydant est bien conservé.

Par ailleurs, il est important de souligner que toutes ces valeurs correspondent chacune à une analyse réalisée à une concentration de 0,1 g/L d'extraits modifiés ou non. Pour les dérivés, à cette concentration, plus le greffon est important, plus la concentration molaire est faible. Le pourcentage d'inhibition d'un échantillon étant évidemment dépendant de sa concentration molaire, il s'ensuit que la comparaison précédente du tanin de pépin de raisin avec ses dérivés minimise l'AAO des dérivés les plus lourds. En prenant le cas du tanin couplé avec l'acétone, par exemple, le nombre d'équivalent de monomères de catéchine du tanin à 0,1 g/L serait égal à celui de son dérivé si la concentration de ce dernier est :

$$C = 0,100 \times (330/290) = 0,114 \text{ g/L}$$

290 étant la masse molaire de la catéchine, et 330 celle de la catéchine couplée avec l'acétone. Cette différence entre 100 et 114 mg/L semble faible, mais elle peut avoir des répercussions importantes sur le pouvoir antioxydant, surtout lorsque que les chaînes carbonées impliquées sont un peu plus longues.

Notons cependant que ce calcul de concentration corrigée ne serait valable que si le tanin était entièrement catéchique et entièrement greffé. Or, étant donné que tous les sites potentiels de couplage des monomères de catéchine du tanin ne sont pas libres et/ou favorables à un greffage effectif, la proportion exacte des motifs greffés dans un dérivé demeure inconnue. Ainsi, par rapport au tanin initial à 0,1 g/L, pour avoir une appréciation plus adéquate du pouvoir antioxydant de nos dérivés de tanin, nous jugeons utile de le définir comme un intervalle ouvert de mesures. Ces mesures correspondent, d'une part à une concentration de 0,1 g/L pouvant être assimilée à une situation défavorable où il n'y a pas de greffage, et d'autre part à une concentration conforme à un taux de greffage quasi total. A ces dernières concentrations, des analyses de suivi d'inhibition de l'oxydation de LH ont été réalisées (courbes non représentées). Les valeurs obtenues donnent des intervalles de pourcentage d'inhibition du tableau IV.6.

Tableau IV.6. Valeurs réajustées des pourcentages d'inhibition de l'oxydation de LH pour les dérivés de tanin par rapport à leur concentration équivalente vis-à-vis du tanin d'origine à 100 mg/L.

Tanin de pépins de raisin et ses dérivés	Concentrations mg/L	AAO (%)
s0	100	60
s3	100 - 114	] 57 - 60 [
s5	100 - 123	] 57 - 60 [
s6	100 - 128	] 55 - 58 [
s7	100 - 133	] 48 - 50 [
s8	100 - 138	] 44 - 48 [

Avec ces nouvelles valeurs, les propriétés antioxydantes des dérivés sont plus réalistes. La conservation du pouvoir antioxydant, qui était de 73 à 95 %, sans tenir compte de la masse des motifs greffés, passe à 80 - 100 % si on en tient compte. Notons que le pouvoir antioxydant est bien conservé pour s3, s5 et s6, et moins bien conservé pour s7 et s8 qui sont précisément les deux dérivés ayant présenté une RMN et une IR avec des signes d'impuretés qui réduiraient l'AAO.

Réaction avec le DPPH ; détermination de la CE_{50}

La réaction du DPPH avec le tanin Seed H s'est montrée moins rapide (par rapport au cas de la catéchine) avant de tendre vers un équilibre (voir figure IV.5 et IV.9). Cinq minutes ont donc été nécessaires pour le suivi spectrophotométrique de la réaction du DPPH 100 µM avec le tanin Seed H ou un de ses dérivés s3 et s5 à s8. La concentration de chacun de ses dérivés a été choisie de façon à encadrer la CE_{50}, soit 2 à 10 mg/L.

L'obtention des résultats correspondants s'est faite comme précédemment et la figure IV.9 illustre le cas de s7.

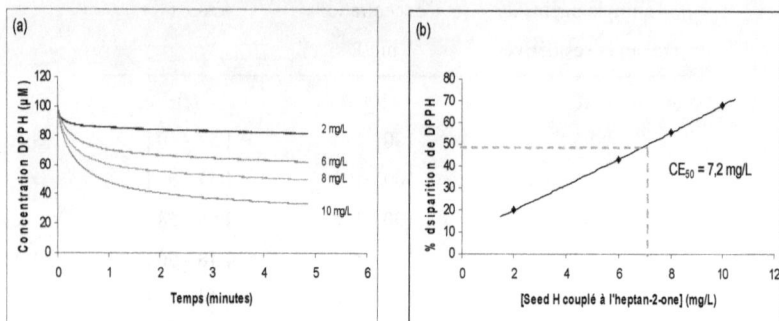

Figure IV.9. Suivi de [DPPH] 100 μM réagissant avec le tanin Seed H couplé avec l'heptan-2-one à différentes concentrations (a) et détermination de la CE_{50} (b).

Nous avons déterminé une CE_{50} de 3,4 mg/L pour le tanin Seed H non modifié, ce qui correspond, si on assimile ce tanin à un pur polymère de catéchine, à 12 μM de catéchine. L'extrait Seed H est donc beaucoup plus efficace dans ce test que la catéchine (CE_{50} = 35 μM ou 10 mg/L). Pour tous les autres dérivés de ce tanin, les mesures obtenues sont insérées dans le tableau IV.7. Les valeurs consignées en μM de catéchine, obtenues en considérant l'extrait comme un polymère de catéchine entièrement modifié, sont aussi portées dans ce tableau.

Tableau IV.7. Valeurs de CE_{50} déterminées pour les dérivés de tanin Seed H de pépins de raisin.

Tanin de pépins de raisin et ses dérivés	CE_{50} (mg/L)	CE_{50} (µM)
s0	3,4	12
s3	4,2	13
s5	4,4	12
s6	4,8	13
s7	7,2	19
s8	7,6	19

Dans l'ensemble, ces données révèlent, en comparaison du tanin d'origine, une bonne conservation du pouvoir antioxydant à la suite des modifications ayant été opérées sur le tanin de pépin de raisin. De même que nous l'avons constaté dans l'analyse par l'inhibition de l'oxydation de LH, là encore les CE_{50} de s3, s5 et s6 sont très proches de celle de s0, alors que celles de s7 et s8 en sont plus éloignées. Cependant, dans tous les cas, ces tanins sont plus efficaces que la catéchine.

IV.1.3.2 Effets de la désaération et de la quantité de réactifs lors de la synthèse de dérivés de tanin Seed H.

Après avoir mis en évidence l'influence de la quantité de catalyseur $BF_3.Et_2O$ sur le pouvoir antioxydant, une interrogation pourrait subsister quant à la nécessité de réaliser les réactions de couplage à l'abri de l'air. Dans le but d'éclaircir cette situation, nous avons mesuré les pouvoir antioxydant, de s3 et s6 sans avoir recours à une désaération durant les réactions. Les pouvoirs antioxydants mesurés sont comparés dans le tableau IV.8.

Tableau IV.8. Pourcentages d'inhibition de l'oxydation de LH par les tanins Seed H couplés avec l'acétone et avec l'heptan-2-one à 0,1 g/L, synthétisés avec et sans l'influence d'une désaération.

	AAO (%)	
	Avec désaération	Sans désaération
s3	57	45
s7	48	36
s0	60	

A l'évidence, la désaération du milieu durant les réactions de couplage réduit l'altération des propriétés antioxydantes des produits de couplage. Par rapport au pouvoir antioxydant de l'extrait brut, les pouvoirs antioxydants des extraits couplés avec l'acétone et l'octanone décroissent de respectivement de 5 et 20 % avec désaération, contre 25 et 40 % sans désaération. L'absence d'air lors de la synthèse permet donc de réduire la perte d'activité antioxydante, lors du couplage, de 80 pour s3 et 50 % pour s7, ce qui est considérable. Par conséquent, il ressort de cette étude une nécessité de désaération pour ces réactions. Cette désaération pourrait être justifiée par l'effet prooxydant du catalyseur $BF_3.Et_2O$ qui pourrait se manifester aussi bien dans la synthèse que dans les tests d'oxydation de LH, comme on l'a vu.

Nous avons aussi mesuré le pouvoir antioxydant du produit de couplage obtenu dans l'expérience à plus grande échelle. Nous avons réalisé et confronté les analyses liées, d'une part à l'usage de nos quantités habituelles de réactifs, et d'autre part au recours à des quantités 16 fois supérieures (cf. § III.4.5.1b).

Les pourcentages d'inhibition obtenus pour ce dérivé étaient de 57 % lorsque celui-ci découlait de l'usage des quantités usuelles, et de 47 % lorsqu'il était produit à plus grande échelle. Nous constatons donc que le recours à d'importantes quantités de réactifs entraîne une légère baisse des propriétés antioxydantes du dérivé qui en a résulté. Sachant que ces conditions ont abouti, malgré tout, à un rendement amélioré (33 % au lieu de 14 %), il aurait peut-être été souhaitable de réduire la quantité de BF$_3$.Et$_2$O afin de satisfaire à la fois, à un bon pouvoir antioxydant, à une production plus importante de dérivé et à un rendement acceptable.

IV.1.3.3 AAO de l'extrait de québracho et de son dérivé

L'essai ayant mis en œuvre le couplage du tanin de québracho avec l'octan-2-one nous a également permis d'évaluer l'état du pouvoir antioxydant du dérivé qui en a découlé dans les mêmes conditions dans lesquelles nous avons étudié les propriétés antioxydantes de l'extrait Seed H. Les capacités antioxydantes mesurées ont été de 48 % pour le tanin d'origine, et de 37 % pour son dérivé. La comparaison de ces deux valeurs nous indique que, dans ce contexte aussi, la réaction de couplage altère peu le pouvoir antioxydant du tanin. Cette propriété en ressort donc bien conservée, environ de 77 %, ce qui est d'ailleurs proche du cas de son homologue au niveau du tanin de pépin de raisin (73 %). Par ailleurs, nous notons aussi que le tanin de québracho possède de plus modestes propriétés antioxydantes que le tanin de pépins de raisin (AAO = 48 % contre 60 %).

IV.2 SOLUBILITÉ DES DÉRIVÉS DANS LES CORPS GRAS

Ayant démontré la réussite de nos greffages de chaînes carbonées sur différents composés et extraits, ainsi que la conservation de leurs propriétés antioxydantes, nous avons ensuite entrepris de vérifier si les dérivés obtenus ont effectivement acquis un caractère lipophile. Cela a été réalisé de deux façons. Pour quelques dérivés, nous avons mesuré directement leur solubilité dans l'huile de colza, en liaison avec une étude sur l'incorporation d'extraits naturels à des biolubrifiants (Perrin et coll., 2005). Mais cette méthode n'est pas très précise et demeure très consommatrice de produit. Nous avons donc, dans la plupart des cas, déterminé le coefficient de partage P entre l'octanol et l'eau.

IV.2.1 Estimation de la solubilité dans l'huile ; cas de composés estérifiés

Dans un volume d'huile de colza, chaque dérivé, tanin estérifié ou laurylgallate a été dissout par des ajouts séquentiels de petites quantités jusqu'à atteindre leur saturation mise en évidence par un dépôt visible après centrifugation.

Concernant les tanins estérifiés par l'acide stéarique, ils se sont tous montrés solubles dans l'huile, contrairement à leur tanin d'origine, ce qui démontre un caractère lipophile conféré à ces tanins. Les valeurs de solubilité des différents tanins estérifiés sont consignées dans le tableau IV.9. Rappelons que ces esters ont été obtenus par réaction entre tanin et chlorure d'acide stéarique dans le rapport 1/1, 1/5, ou 1/10.

Tableau IV.9. Solubilité dans l'huile de colza de tanins estérifiés par l'acide stéarique.

Rapport chlorure d'acide /tanin	Solubilité (g/L)		
	Tanin estérifié de châtaignier	Tanin estérifié de chêne	Tanin estérifié de québracho
1/1	3	2	2
5/1	4	4	2
10/1	10	8	8

Nous notons d'abord globalement que plus le rapport chlorure d'acide / tanin est élevé, plus le produit de réaction est soluble dans l'huile. Cette observation nous amène à penser que la solubilité accrue pourrait en réalité être le fait de la présence de l'acide stéarique résiduel n'ayant pu être éliminé lors de la purification de nos produits. En effet, au regard des précédents résultats inhérents aux analyses infrarouge et aux rendements anormalement élevés correspondant au rapport massique 10/1, nous avions déjà mis en lumière cette présence résiduelle (cf. § III.2.2.1 et III.2.2.2). Les solubilités significatives sont donc celles impliquant les rapports massiques 1/1 et 1/5 pour lesquels nous notons des valeurs à peu près similaires, en moyenne égales à 3 g/L.

Par ailleurs, nous avons constaté que le dérivé de tanin de québracho donne facilement sa couleur brun-rougeâtre à l'huile. Les autres dérivés n'ont modifié que très peu la couleur de l'huile lorsqu'ils y ont été dissous même à forte dose.

S'agissant du laurylgallate, produit d'estérification de l'acide gallique par l'alcool laurique, nous avons obtenu une très bonne solubilité dans l'huile. En effet, cette solubilité est de 23 g/L, alors que l'acide gallique ne s'est pas montré liposoluble.

IV.2.2 Log *P* déterminé par la méthode du flacon agité

IV.2.2.1 Coefficients d'absorption ε déterminés pour les dérivés de catéchine et de tanins Seed H

Pour mesurer le coefficient de partage vrai, il faut que la dissociation des acides faibles que sont les phénols soit négligeable dans la phase aqueuse. C'est pourquoi nous n'avons pas utilisé de l'eau mais un tampon à pH 1,2, la solution de Britton-Robinson (notée BR). Pour apprécier la distribution d'un composé donné entre le tampon BR et l'octanol, nous avons été amenés à déterminer la concentration de ce composé dans chaque phase. Cette détermination a été rendue possible grâce à la loi de Beer-Lambert.

Nous avons choisi des concentrations massiques pour pouvoir comparer tous les composés et extraits. Nous nous intéressons donc au coefficient d'absorption massique ε.

Les valeurs de ε déterminées pour la catéchine et ses dérivés sont présentées dans le tableau IV.10. Les dérivés de catéchine que nous avons considérés dans cette analyse ont été uniquement ceux obtenus après purification par chromatographie sur colonne.

Tableau IV.10. Coefficients d'absorption ε déterminés à l'aide de courbes d'étalonnage pour la catéchine et ses dérivés issus du couplage avec des cétones. Les longueurs d'onde correspondantes sont également indiquées ainsi que les coefficients de détermination R^2.

Composés soumis à l'étalonnage	ε (L.g^{-1}.cm^{-1})			
	Dans l'octanol		Dans le tampon BR	
c0	(280 nm) **12,13**	$R^2 = 0,9991$	(278 nm) **11,00**	$R^2 = 1,0000$
c3	(281 nm) **10,35**	$R^2 = 0,9986$	(279 nm) **9,48**	$R^2 = 0,9999$
c5	(282 nm) **9,90**	$R^2 = 1,0000$	(280 nm) **8,17**	$R^2 = 1,0000$
c6	(282 nm) **9,37**	$R^2 = 1,0000$	(280 nm) **7,72**	$R^2 = 0,9926$
c7	(282 nm) **8,68**	$R^2 = 0,9997$	-	
c8	(282 nm) **8,46**	$R^2 = 0,9969$	-	

Nous pouvons constater que la longueur d'onde du maximum d'absorption des dérivés varie très légèrement au dessus de celle de la catéchine. De plus, ε décroît quand la taille du motif carboné greffé sur la catéchine augmente ; si on rapporte ε aux concentrations molaires, on obtient alors dans l'octanol la même valeur de coefficient d'absorption molaire classique ε pour tous les composés : $\varepsilon = 3450 \pm 80$ L.mol^{-1}.cm^{-1}, ce qui était prévisible puisque tous ces composés contiennent le même chromophore. Pour les dérivés c7 et c8, nous n'avons pu obtenir de résultats dans le tampon BR en raison d'une solubilité trop faible. Compte tenu du fait que ces deux dérivés comportent des motifs greffés plus longs que ceux des autres dérivés, il semble normal que nous ayons rencontré des difficultés de solubilisation dans une phase aqueuse.

Il est très important de signaler également la nécessité de réaliser des désaérations du tampon BR avant et après y avoir solubilisé un composé, faute de quoi la longueur d'onde de son maximum d'absorption présente un déplacement progressif et conséquent au cours du temps, débouchant sur des résultats erronés. Ce déplacement, vraisemblablement dû à une dégradation oxydative du fait de la forte acidité du tampon, n'apparaissait plus pendant au moins 48 heures lorsque les solutions étaient convenablement désaérées.

Dans un deuxième temps, de la même manière, nous avons déterminé les coefficients ε pour le tanin de pépin de raisin Seed H et pour ses dérivés. Les résultats sont inclus dans le tableau IV.11.

Tableau IV.11. Coefficients d'absorption ε déterminées à l'aide de courbes d'étalonnage pour le tanin Seed H et ses dérivés issus du couplage avec des cétones. Les longueurs d'onde correspondantes sont également indiquées ainsi que les coefficients de détermination R^2.

Composés soumis à l'étalonnage	ε (L.g^{-1}.cm^{-1})	
	Dans l'octanol	Dans le tampon BR
s0	-	(278 nm) **16,30** $R^2 = 0{,}9994$
s7	(281 nm) **16,45** $R^2 = 0{,}9979$	-
s8	(281 nm) **16,17** $R^2 = 1{,}0000$	-

Remarquons que l'étalonnage n'a pu être réalisé dans certaines conditions, comme cela a été le cas dans l'octanol pour le tanin non modifié qui n'a pu y être solubilisé en raison de sa nature hydrophile. On n'a pu préparer de solution avec aucun dérivé probablement en raison d'une tendance hydrophobe due aux motifs carbonés, et dans l'octanol nous n'avons pu dissoudre que s7 et s8.

Ainsi que nous l'avons mentionné dans le cas de la catéchine et ses dérivés, il est également impératif de désaérer le tampon BR avant et après y avoir solubilisé le tanin ou ses dérivés.

IV.2.2.2 Lipophilie mesurée pour les dérivés de catéchine et de tanin Seed H

Ayant déterminé les coefficients d'absorption ε de chaque composé, nous avons ensuite déduit, à l'aide de mesures d'absorbance UV, la concentration d'un composé dans chaque phase après partition et calculé le coefficient de partage P que nous présentons, comme c'est l'habitude, sous la forme logarithmique (base 10):

$$\log P = \log \frac{C_{org}}{C_{aq}}$$

C_{org} étant la concentration dans la phase organique, et C_{aq} celle dans la phase aqueuse.

Remarquons que :

-   si $\log P > 0$, alors $C_{org} > C_{aq}$, le composé a une tendance hydrophobe
-   si $\log P < 0$, alors $C_{org} < C_{aq}$, le composé a une tendance hydrophile
-   si $\log P = 0$, alors $C_{org} = C_{aq}$, le composé se répartit de manière égale entre les deux phases.

Notons que pour un composé dont la réalisation de concentrations connues dans aucun des solvants n'a pu être possible pour des raisons de mauvaise solubilisation, nous avons préalablement saturé et filtré le solvant impliqué avec ce composé, puis révélé sa concentration par mesure de son absorbance UV, avec $\varepsilon = 16,34$ L.g^{-1}.cm^{-1}, valeur moyenne du tableau IV.12.

Les log P ainsi déterminés pour la catéchine, le tanin Seed H et leurs dérivés respectifs sont présentés dans le tableau IV.13.

Tableau IV.13. log P déterminés pour la catéchine, le tanin Seed H et leurs dérivés respectifs issus des couplages avec des cétones de taille variable. L'incertitude est un écart-type réalisé sur 4 essais.

Cétones couplées avec la catéchine ou avec le tanin	log P mesurés	
	Cas de la catéchine et de ses dérivés	Cas du tanin Seed H et de ses dérivés
sans couplage	0,41 ± 0,03	-0,79 ± 0,01
acétone	1,22 ± 0,05	0,15 ± 0,07
pentan-2-one	1,37 ± 0,02	0,26 ± 0,04
hexan-2-one	1,41 ± 0,04	0,50 ± 0,06
heptan-2-one	1,63 ± 0,06	0,81 ± 0,06
octan-2-one	1,68 ± 0,05	0,97 ± 0,06

Nous notons tout d'abord que notre log P mesuré pour la catéchine (0,41) paraît conforme à la littérature où sa valeur varie entre 0,31 et 0,86 selon les auteurs (Shoji et coll., 2004; Yang et coll., 2001). Ce résultat confirme la validité de notre méthode.

En outre, la prédiction des log P de la catéchine et de ses dérivés, à l'aide du logiciel ACD/log P, nous a donné les résultats du tableau IV.14.

Tableau IV.14. log P de la catéchine et de ses dérivés, déterminés soit par prédiction à l'aide du logiciel ACD/log P, soit par mesures expérimentales. L'incertitude sur les log P prédits est donnée par le logiciel, celle sur les log P expérimentaux est l'écart-type sur 4 mesures.

	log P prédits		log P expérimentaux	
c0	0,49	± 0,38	0,41	± 0,03
c3	2,10	± 0,48	1,22	± 0,05
c5	3,16	± 0,48	1,37	± 0,02
c6	3,69	± 0,48	1,41	± 0,04
c7	4,22	± 0,48	1,63	± 0,06
c8	4,75	± 0,48	1,68	± 0,05
c12	6,88	± 0,48		
c18	10,07	± 0,48		

Si on compare ces résultats à nos résultats expérimentaux, on voit que si l'accord est excellent en ce qui concerne la catéchine, il n'est plus bon du tout pour ses dérivés. Il est probable que la valeur donnée par le logiciel pour la catéchine soit d'origine expérimentale alors que les autres sont vraiment calculées. Il faut en conclure que le logiciel surestime largement l'effet de l'ajout d'un carbone. Notons que pour la catéchine substituée en O3 par un groupement isopropyle, molécule proche de c3 mais sans création de cycle (figure IV.10), le logiciel donne log $P = 1,93 \pm 0,39$

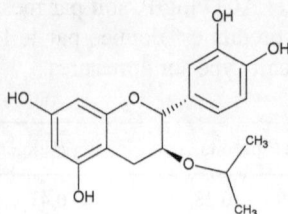

Figure IV.10. Catéchine substituée en O3 par un groupement isopropyle.

En revenant au tableau IV.13, signalons que tous les dérivés présentent dans l'ensemble des log P positifs, ce qui indique une nature peu polaire pour ces composés. La catéchine affiche certes une valeur également positive, mais celle-ci bien en dessous de l'unité semble refléter une très faible tendance lipophile. Par ailleurs, que se soit pour les dérivés de catéchine ou pour les dérivés de tanin, il ressort que le log P augmente comme la taille du motif carboné greffé. De plus, au regard des valeurs de la catéchine (0,41) et de son dérivé couplé à l'acétone (1,22) d'une part, puis de celles du tanin (-0,79) et de son dérivé couplé à l'acétone (0,15), il ressort la même augmentation (près d'une unité) de log P entre ces composés non modifiés et leurs dérivés renfermant le plus court motif carboné. Le fait de supprimer un groupement OH (en position 3) a un effet bien plus important sur la lipophilie que l'ajout d'un carbone. Tous ces constats confirment effectivement que les couplages ont permis aux différents dérivés d'acquérir un caractère lipophile.

Le log P du tanin est bien inférieur à celui de la catéchine, ce qui peut surprendre *a priori*. Notons que les tanins de raisin contiennent quelques motifs catéchiques estérifiés en position 3 par l'acide gallique, ce qui les rend sans doute beaucoup plus hydrophile que la catéchine. Le greffage de chaînes carbonées apporte la même augmentation de log P sur la catéchine et sur le tanin. On atteint des valeurs de log P proches de l'unité pour les tanins couplés avec l'heptan-2-one et l'octan-2-one, ce qui indique que ces dérivés sont franchement lipophiles. Il semble évident que les couplages avec des cétones d'au moins sept atomes carbone sont les mieux indiqués pour permettre à nos tanins de devenir lipophiles. Nous avons ajouté au tableau IV.14 le coefficient de partage calculé pour la catéchine couplée à la 2-dodécanone ou à la 2-octadécanone ; même si on sait que les valeurs obtenues sont nettement surévaluées, elles montrent qualitativement tout l'intérêt qu'il y aurait à greffer des chaînes longues.

IV.3 DISCUSSION

IV.3.1 Sur les méthodes de mesure de l'activité antioxydante

Il existe de nombreuses méthodes de mesure de l'oxydation des substances organiques et de l'efficacité des antioxydants. Elles sont régulièrement décrites dans des revues. Citons celle de Laguerre et coll. (2007) qui est focalisée sur l'oxydation des lipides. On peut classer les différentes méthodes en deux groupes : les méthodes faisant intervenir l'autooxydation d'un substrat et celles dans lesquelles on étudie la réaction directe du supposé antioxydant avec un radical libre ou un ion. Nous avons justement utilisé une méthode de chaque type.

On sait depuis longtemps que l'oxydation des lipides fait intervenir un mécanisme radicalaire, et il est aujourd'hui bien connu qu'elle est responsable de nombreux effets dans les systèmes biologiques.

Les corps gras naturels sont généralement trop complexes pour que l'étude de leur oxydation mène à des conclusions facilement généralisables et de nombreux travaux sont effectués avec des substances plus simples, comme l'acide linoléique ou d'autres acides gras polyinsaturés (AGPI) ou leurs monoesters.

Au laboratoire, on utilise généralement un inducteur (thermique ou photochimique). A faible avancement réactionnel, l'oxydation induite de l'ester d'acide gras LH peut être interprétée à l'aide d'un mécanisme radicalaire en chaîne qui, dans sa version la plus simple, se présente comme suit (Rousseau-Richard et coll., 1988a) :

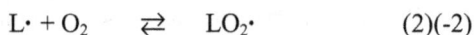

$$\text{inducteur} \quad \rightarrow \quad 2\,R\cdot \qquad (a_1)$$

$$R\cdot + O_2 \quad \rightarrow \quad RO_2\cdot \qquad (a_2)$$

$$RO_2\cdot + LH \quad \rightarrow \quad RO_2H + L\cdot \qquad (a_3)$$

$$L\cdot + O_2 \quad \rightleftarrows \quad LO_2\cdot \qquad (2)(-2)$$

$$LO_2\cdot + LH \quad \rightarrow \quad LO_2H + L\cdot \qquad (3)$$

$$LO_2\cdot + LO_2\cdot \rightarrow \quad LO_2L + O_2 \qquad (t_1)$$

$$LO_2\cdot + L\cdot \quad \rightarrow \quad LO_2L \qquad (t_2)$$

$$L\cdot + L\cdot \quad \rightarrow \quad L_2 \qquad (t_3)$$

Les radicaux libres porteurs de chaîne L· sont formés dans les processus (a_1) à (a_3) qui constituent l'amorçage des chaînes. Les processus (2) et (3) constituent la propagation des chaînes ; ils rendent compte de la stœchiométrie principale (à condition que les chaînes soient longues) d'oxydation :

$$LH + O_2 \quad = \quad LO_2H$$

Enfin, les porteurs de chaîne L· et LO_2· participent aux processus de terminaison des chaînes (t_1) à (t_3). Si les terminaisons prépondérantes sont en LO_2· + LO_2· (haute pression), la loi théorique de vitesse est d'ordre ½ par rapport à l'inducteur et 1 par rapport à LH et ne dépend pas de la pression d'oxygène. Par contre, à basse pression l'ordre est ½ par rapport à l'inducteur et 1 par rapport à l'oxygène.

Les peroxydes formés primairement ne jouent pas de rôle cinétique tant que l'inducteur assure l'essentiel des amorçages, mais à fort avancement ou en l'absence d'inducteur, ils seront des agents de branchement dégénéré (amorceurs secondaires) très importants qui conduiront à une autoaccélération de la réaction. C'est cette réaction autoaccélérée qui est exploitée dans le populaire test Rancimat (Metrohm, 2008).

Dans notre cas, l'autooxydation induite de LH, un antioxydant est donc un corps qui agit en rompant la chaîne d'oxydation en remplaçant un radical porteur de chaîne par un radical plus stable et qui ne participe pas à cette chaîne. Ainsi, on peut interpréter les propriétés antioxydantes d'un donneur d'hydrogène (comme le sont de nombreux phénols), noté ΦOH, en ajoutant au mécanisme d'oxydation les processus suivants:

$$LO_2\cdot + \Phi OH \rightarrow \quad LO_2H + \Phi O\cdot \qquad (4)$$

$$L\cdot + \Phi OH \ \rightleftarrows \quad LH \ + \Phi O\cdot \qquad (5)(-5)$$

$$\Phi O\cdot + \Phi O\cdot \ \rightarrow \quad \text{produit} \qquad (t_4)$$

$$LO_2\cdot + \Phi O\cdot \ \rightarrow \quad \text{produit} \qquad (t_5)$$

$$L\cdot + \Phi O\cdot \ \rightarrow \quad \text{produit} \qquad (t_6)$$

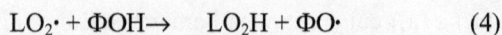

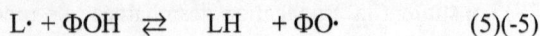

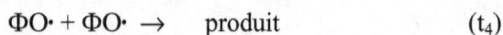

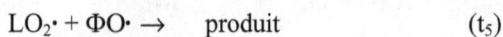

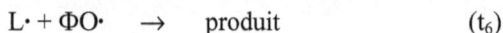

Les dérivés phénoliques possèdent au moins un atome d'hydrogène mobile. Ils réagissent facilement sur les radicaux $LO_2\cdot$ présents dans le milieu réactionnel pour former les radicaux $\Phi O\cdot$ plus stables selon le processus (4) du schéma réactionnel ci-dessus, au détriment du processus (3), empêchant ainsi la propagation de la chaîne d'oxydation. Ainsi l'inhibition par ces molécules consiste à remplacer les radicaux $LO_2\cdot$ et $L\cdot$ très réactifs et porteurs de la chaîne d'oxydation par les radicaux phénoliques $\Phi O\cdot$ stables, et qui ne réagiront donc plus que dans des processus de terminaison. Cependant si le processus (-5) est facile, on assiste à une régénération de $L\cdot$ ce qui conduirait à un effet accélérateur de ΦOH.

Réaction du DPPH avec les phénols

Une autre méthode très utilisée pour évaluer l'activité antioxydante d'un composé consiste à étudier sa réaction avec le DPPH, radical libre très stable à l'état cristallin et, en solution, de coloration violette et stable plusieurs jours. Il s'agit d'une réaction de transfert d'atome d'hydrogène du type :

$$\text{DPPH} + \text{RH} \rightarrow \quad \text{DPPH-H} + \text{R} \cdot \qquad (6)$$

Plus un composé a la facilité de céder son atome d'hydrogène et plus celui-ci est jugé efficace en tant qu'antioxydant. Brand-Williams et coll. (1995) ont proposé de mesurer la quantité d'antioxydant nécessaire pour faire disparaître 50% du DPPH initial après un certain temps au bout duquel ils admettent que la réaction est à l'équilibre. Wang et coll. (1999) ont évalué avec cette méthode l'activité antioxydante des dérivés du resvératrol, activité déterminée par le pourcentage de disparition du DPPH dans sa réaction avec le resvératrol au bout de 30 min. Cette méthode a été aussi utilisée par de très nombreux auteurs, probablement parce que c'est un des tests les plus simples à mettre en œuvre. Rousseau-Richard et coll. (1990) ont utilisé une méthode cinétique pour quantifier l'activité antioxydante de composés dérivés de l'ellipticine. Ils considéraient que la mesure de la constante de vitesse d'ordre 2 de la réaction 6 (réaction suivie par RPE) peut constituer une estimation de la mobilité de l'atome H· de RH. Ohashi et coll. (1999) utilisèrent eux aussi une méthode cinétique pour évaluer l'activité antioxydante de composés phénoliques contenus dans le bois. Enfin Dangles et coll. (1999) mesurent, pour des flavonoïdes, aussi bien la constante de vitesse de la réaction ci-dessus qu'un facteur stœchiométrique, n, défini comme le nombre de moles de DPPH réagissant par mole d'antioxydant pendant le premier stade de la réaction ; ils définissent aussi (Goupy et coll. 2003) le facteur stœchiométrique total n_{tot} qui est l'équivalent de n quand la réaction est supposée parvenue à l'équilibre. Il est aujourd'hui admis (Foti et coll., 2004 ; Litwinienko et Ingold (2003) que la réaction 6 n'est pas toujours un transfert direct d'atome H ; un chemin concurrent consiste en une séquence transfert d'électron – perte de proton :

$$YH + S \rightleftharpoons YH \cdots S \rightleftharpoons Y^- + HS^+$$

$$DPPH^\cdot \downarrow$$

$$DPPH\text{-}H + Y^\cdot + S \longleftarrow DPPH^- + Y^\cdot + HS^+$$

Les deux voies peuvent coexister ou pas ; l'ordre est généralement un par rapport au DPPH et un par rapport au phénol (dans de rares cas cependant, Litwinienko et Ingold ont observé, et expliqué, un ordre zéro par rapport au DPPH).

Comparaison des deux méthodes

Quoiqu'il en soit, la réaction 6 est semblable au processus 4 du mécanisme d'oxydation de LH et on imagine facilement que si le processus 6 est facile, le processus 4 doit l'être aussi. Considérant que l'inhibition de l'oxydation de LH est d'autant plus forte que la constante de vitesse du processus 4 est grande, on devrait avoir une corrélation entre AAO et la constante de vitesse du processus 6, ce qui n'a jamais été observé (voir par exemple Diouf et coll., 2006). En réalité, l'AAO telle que nous l'avons définie, n'est qu'un compromis entre la vitesse d'oxydation pendant l'inhibition et la durée de cette inhibition. D'autre part, l'efficacité d'un antioxydant dans cette réaction dépend non seulement de sa réactivité avec $LO_2^\cdot$, mais aussi de la réactivité du radical libre formé $\Phi O\cdot$ dans divers processus (Rousseau-Richard et coll., 1988b) ; on comprend alors qu'il soit difficile d'établir des corrélations entre l'AAO et d'une part la constante de vitesse du processus 6, et d'autre part la CE_{50}. Cependant, dans le cas présent, nous avons obtenu des mesures d'AAO et de CE_{50} généralement cohérentes.

IV.3.2 Comparaison avec les travaux antérieurs

Takizawa et coll. (1992) ont estérifié la quercétine préférentiellement en position 7, une modification qui n'affecte pas la structure catéchol de la quercétine et qui, néanmoins, donne un produit sensiblement moins antioxydant que la quercétine. La quercétine tri- ou tétraestérifiée devient un antioxydant très médiocre, comme on pouvait s'y attendre.

Meng et coll. (1999 ; Lewis et coll. 2000) ont montré que des oléates et stéarates (mono et di) d'isoflavones sont des antioxydants efficaces, mais leurs expériences ne permettent pas de les comparer aux isoflavones correspondantes.

Les produits obtenus par Jin et Yoshioka (2005) en estérifiant la catéchine (+)-catéchine sont la 3-lauroyl-, la 3',4'-dilauroyl- et la 3,3',4'-trilauroylcatéchine. Si le premier dérivé conserve pratiquement l'activité antioxydante de la catéchine, les deux autres ne sont pratiquement pas antioxydants. Cela confirme la nécessité de conserver la structure catéchol de la catéchine pour maintenir ses propriétés antioxydantes.

En effet, Sroka (2005), par exemple, dans une revue sur les relations structure - activité antioxydante, observe qu'en général l'activité antioxydante des flavonoïdes augmente avec l'existence d'une liaison double 2-3 et avec la présence de 2 groupements OH en ortho (catéchol) , et diminue si le OH en 3 est substitué. Par contre, selon lui, l'ajout d'un OMe en ortho d'un OH phénolique augmente son activité. On trouve de nombreux contre-exemples à ces généralisations ; ainsi Diouf (2003) a observé que la catéchine est plus antioxydante que la quercétine malgré la double liaison 2-3 et le groupe carboxyle en 4 de la quercétine.

De même, nous observons que le catéchol à demi estérifié par l'acide stéarique est deux fois moins efficace que le catéchol, ce qui ne nous surprend pas : en effet, le catéchol peut agir deux fois :

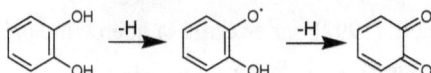

alors que lorsqu'un OH est remplacé par OR, la réactivité du composé dans la première réaction n'est sans doute pas diminuée, mais la seconde réaction n'est plus possible.

Cette remarque est valable pour l'estérification des divers extraits par l'acide stéarique. Ces extraits perdent une grande partie de leur capacité antioxydante par estérification ; c'est d'autant plus net que le taux d'estérification est plus élevé.

Nous nous intéressons maintenant aux dérivés obtenus par couplage octa-Pictet-Spengler. Fukuhara et coll. (2002) ont réalisé ce couplage avec la catéchine et l'acétone ; le composé obtenu, c3, réagissait plus rapidement que la catéchine avec le radical libre galvinoxyle. Dans la même réaction avec le DPPH, notre composé réagit moins rapidement que la catéchine. Nous avons confirmé le résultat de Fukuhara (annexe VI), ce qui semble montrer que dans une réaction aussi simple en apparence, les phénols ne se comparent pas de la même façon selon le radical choisi pour le test. Ces auteurs attribuent la plus grande efficacité de c3 au fait que le couplage confèrerait à la nouvelle molécule une structure plane. Nous obtenons pour c3 pratiquement les mêmes propriétés antioxydantes (AAO et CE$_{50}$) que pour la catéchine, ce qui ne surprend pas : la planéité, si elle existe, n'apporte pas de résonance supplémentaire à la molécule et sa réactivité ne doit donc pas être beaucoup modifiée.

Les mêmes auteurs (Hakamata et coll., 2006) étendant, en même temps que nous, leur travail à des cétones à chaînes carbonées plus longues, ont obtenu, pour c3, une constante de vitesse de réaction avec le DPPH plus grande que pour la catéchine, en contradiction avec nos résultats. La seule différence entre nos conditions expérimentales est qu'ils effectuaient la réaction dans l'acétonitrile et nous dans le méthanol. Ce désaccord contribue à jeter le doute sur l'universalité du test qui consiste à mesurer la constante de vitesse de la réaction bimoléculaire d'un antioxydant avec le DPPH (voir ci-dessus). De plus, Diouf (2003) a montré que la réaction de la vitamine E avec le DPPH est complexe et que son mécanisme diffère selon le solvant, ce qui, cette fois relativise la validité de la mesure de la CE_{50}.

CONCLUSION GÉNÉRALE

L'objectif de ces travaux était de rendre lipophiles des composés antioxydants d'origine végétale, les tanins, à travers des modifications chimiques définies comme simples, douces et très peu polluantes tout en garantissant la préservation des propriétés antioxydantes. La finalité est une valorisation (de ces tanins dans les corps gras) facile et peu coûteuse en termes d'économie et d'écologie.

La lipophilisation souhaitée consistait à réaliser des greffages de motifs carbonés plus ou moins longs à travers différentes méthodes. Ces méthodes dont la mise en œuvre est inhabituelle pour les tanins, dont la structure est extrêmement complexe, ont nécessité des essais préalables sur des molécules modèles simples faisant régulièrement partie intégrante des tanins. Il s'agissait d'une alkylation du phénol, appliquée ensuite à la catéchine et à l'acide gallique, d'une estérification du catéchol par l'acide stéarique (C_{18}), d'une estérification de l'acide gallique par l'alcool laurique (C_{12}) et d'un greffage d'une chaîne carbonée de longueur variable (C_3 à C_8) par une réaction de couplage oxa-Pictet-Spengler entre les cycles C et B de la catéchine en présence d'APTS ou de $BF_3.Et_2O$.

Les analyses RMN, infrarouge, HPLC, de même que les rendements correspondants ont attesté de la réussite de l'alkylation du phénol par un groupement tert-butyle, des estérifications du catéchol par l'acide stéarique puis de l'acide gallique par l'alcool laurique et du couplage oxa-Pictet-Spengler de la catéchine et de cétones en présence de $BF_3.Et_2O$. Cette dernière technique dont les conditions ont été optimisées pour obtenir un bon rendement, a abouti à deux stratégies alternatives de purification : soit une chromatographie sur colonne de gel de silice, soit un lavage à l'eau des différents mélanges réactionnels préalablement débarrassés de leur cétone résiduelle par évaporation sous vide. Les comparaisons d'analyses spectrales et HPLC de chaque dérivé de catéchine obtenu ont témoigné que la purification par lavage à l'eau était presque aussi satisfaisante que celle issue d'une chromatographie, ce qui justifie la possibilité d'y avoir recours pour sa simplicité et sa rapidité.

Par la suite, nous avons appliqué aux tanins les réactions précédentes de greffage. Dans cette étape, selon une analyse par spectroscopie infrarouge, nous avons estérifié par l'acide stéarique des tanins de châtaignier, de chêne et de québracho. Nous avons déterminé les rendements massiques correspondants qui se sont révélés modestes. Dans une autre approche, nous avons opéré des couplages oxa-Pictet-Spengler sur des tanins de type catéchique. Dans un premier temps, cela a été réalisé sur les tanins de pépins du raisin (*Vitis vinifera*) avec des cétones plus ou moins longues (C_3 à C_8). De concert avec les résultats concernant les dérivés de catéchine, les analyses par RMN ^{1}H, infrarouge et HPLC ont bien confirmé l'élaboration de nouveaux dérivés de tanin. Les rendements massiques qui en découlent se sont montrés satisfaisants, mais un peu limités par rapport à la catéchine sans doute en raison de la structure encombrée des tanins qui rendraient leurs différents sites potentiels de greffage moins accessibles. Ce même type de couplage a également fait l'objet d'un essai réussi à plus grande échelle, avec l'acétone, ayant permis de disposer d'une importante quantité de dérivé de tanin. Dans un deuxième temps, nous avons fait réagir le tanin de québracho avec l'octan-2-one. L'obtention d'un dérivé de tanin de québracho a été avérée grâce aux techniques analytiques précédemment évoquées. Par ailleurs, nous n'avons pas pu mener à bien une tert-butylation, ni une acylation par un anhydride acétique du tanin de québracho, sans doute en raison des difficultés d'accessibilité et de disponibilité de sites favorables à ce type de réaction au sein de la structure encombrée des tanins.

Les esters de composés modèles se sont révélés des antioxydants médiocres (AAOR = 39 et 43 %). Quant aux tanins de châtaignier, de chêne et de québracho, leur estérification par l'acide stéarique n'a pas permis une préservation satisfaisante de leurs propriétés antioxydantes (AAOR = 0 à 28 %). Par contre, l'étude des propriétés des dérivés de catéchine, comparées à celles du substrat de départ, a été très satisfaisante. Les méthodes de suivi de l'inhibition de l'oxydation du linoléate de méthyle, puis de la réactivité avec le DPPH ont, de manière concordante, témoigné que les propriétés antioxydantes de la catéchine et des tanins (de pépin de raisin et de québracho) ont été conservées à la suite des couplages oxa-Pictet-Spengler. Cette conservation est même meilleure lorsque les dérivés correspondants ont été obtenus par la méthode de purification par lavage à l'eau. Il est apparu également que des désaérations des milieux réactionnels durant ces couplages étaient importantes dans la préservation du pouvoir antioxydant. Dans l'optique de synthèse d'importantes quantités de dérivés de tanin, il a été prouvé que l'usage de moindres quantités de catalyseur $BF_3.Et_2O$ est souhaitable pour ne pas provoquer une altération des propriétés antioxydantes.

Concernant la solubilité dans les corps gras, la méthode de détermination du log P a révélé que les dérivés de catéchine issus du couplage avaient acquis un caractère lipophile. Il en a été de même pour les dérivés du tanin de pépins de raisin. Cependant, le tanin de pépin de raisin étant sensiblement plus hydrophile que la catéchine, il serait souhaitable de lui greffer des chaînes plus longues pour obtenir le même niveau de lipophilie.

Nous avons rassemblé les résultats de nos travaux dans le tableau récapitulatif.

En somme, au vu des différents résultats de synthèse et de ceux relatifs aux propriétés des dérivés, nous déduisons que le couplage oxa-Pictet-Spengler est la méthode qui nous a le plus donné satisfaction par rapport à nos objectifs. En effet, c'est une méthode très douce (réaction à température ambiante), simple (pouvant mettre en jeu seulement trois substances en tout), respectueuse de l'environnement (substances et protocole utilisés très peu polluant) et permettant la conservation du pouvoir antioxydant des dérivés qui en découlent. A travers cette méthode, l'objectif de notre étude a donc été atteint.

Bien que la caractérisation des tanins rendus lipophiles ait été convaincante, il serait souhaitable de réaliser une étude plus exhaustive de la structure de ces dérivés dont l'élaboration est inédite. En effet, devant l'état principalement polymérique des tanins, pour pallier les difficultés d'identification précise (notamment par RMN) des motifs greffés, il pourrait être intéressant de soumettre nos dérivés de tanin, avant les analyses, à des fractionnements pouvant ainsi permettre, non seulement une purification beaucoup plus rigoureuse, mais aussi une élucidation précise de la structure de courts oligomères greffés qui en résulteraient. Les analyses reposeraient moins sur la comparaison avec les analyses de dérivés de catéchine. Une telle approche serait valable à condition que la méthode de fractionnement utilisée n'affecte pas les motifs greffés sur les dérivés.

Méthodes de lipophilisation et produits obtenus		Rendement (%)	Temps de rétention HPLC (min)	Lipophilie		Propriétés antioxydantes	
				Solubilité dans l'huile (g/L)	log P	AAOR (%)	CE_{50} (µM)
Alkylation du phénol au *t*-BuBr	2tB et 4tB	91	-	-	-	-	-
	2,4tB	49	-	-	-	-	-
	2,4,6tB	4	-	-	-	-	-
Estérification par l'acide stéarique	Stéarates de catéchol	60	-	-	-	39	-
	Cas18	30 ⎤ massique	-	4	-	0	-
	Qu18	21	-	4	-	22	-
	Sch18	23 ⎦	-	2	-	28	-
Estérification par l'alcool laurique	Laurylgal-late	80	-	23	-	43	-
Couplage oxa-Pictet-Spengler de la catéchine (purification sur colonne)	c3	53	52,5	-	1,22	83	31
	c5	27	54,6	-	1,37	70	34
	c6	28	56,5	-	1,41	82	37
	c7	50	59,7	-	1,63	68	32
	c8	48	-	-	1,68	74	36
Couplage oxa-Pictet-Spengler de la catéchine (purification par lavage à l'eau)	c3*	35	53,0	-	-	91	30
	c5*	61	54,7	-	-	98	30
	c6*	72	56,5	-	-	109	22
	c7*	81	59,4	-	-	100	25
	c8*	88	-	-	-	89	37
Couplage oxa-Pictet-Spengler des tanins (purification par lavage à l'eau)	s3	14 ⎤ massique	52,9	-	0,15	95	13
	s5	29	52,7	-	0,26	95	12
	s6	32	53,2	-	0,50	92	13
	s7	47	53,6	-	0,81	80	19
	s8	62 ⎦	53,0	-	0,97	73	19
	Sch8	59	-	-		77	-

Cas : châtaignier ; **Qu** : chêne ; **Sch** : québracho ; **cn** : catéchine couplée avec une méthylcétone ayant un nombre n d'atome de carbone; **s** : tanin de pépin de raisin.

La réaction oxa-Pictet-Spengler n'étant applicable qu'à la valorisation des tanins condensés, une méthode intéressante pour les tanins hydrolysables pourrait être l'estérification par un alcool gras, étant donné que celle-ci est simple et ne s'opère au niveau de la fonction COOH de l'acide gallique et permet de ce fait la conservation des propriétés antioxydantes. Les fonctions COOH des monomères d'acide gallique n'étant pas libres au sein des tanins hydrolysables, il serait intéressant d'hydrolyser d'abord ces derniers pour pouvoir les estérifier par un alcool gras. Dans ce cas, la lipophilisation du tanin sous forme polymérique ne serait certes pas réalisée, mais cela permettrait de disposer d'un mélange de monomères ou d'oligomères d'acide gallique lipophilisés. La solubilité de ce mélange dans les corps gras serait sans doute appréciable, de même que son pouvoir antioxydant, à condition que la méthode d'hydrolyse utilisée n'affecte pas les propriétés antioxydantes. En outre, une transestérification directe du tanin devrait constituer une voie intéressante.

En ce qui concerne la méthode oxa-Pictet-Spengler, l'étape suivante consisterait à l'appliquer aussi à des tanins condensés d'autres essences végétales telles que le mimosa, le pécan, le pin, etc. Par la suite, il faudrait alors s'assurer, à l'aide de mesures comparatives, que le pouvoir antioxydant des tanins lipophilisés est comparable à celui des antioxydants d'origine pétrochimique habituellement utilisés pour la préservation des corps gras contre l'oxydation. Une préparation de tanins lipophiles à l'échelle des tests d'application serait également de mise. Sachant que les mesures du pouvoir antioxydant et de lipophilie auxquelles nous avons eu recours sont des tests rapides d'analyse, il serait également opportun de suivre, dans des réelles conditions d'utilisation, la stabilité à l'oxydation des corps gras et des dérivés lipophiles en fonction du temps et de la température. Une satisfaction de ces étapes permettrait à terme de substituer les antioxydants d'origine pétrochimique ou de réduire leur utilisation grâce à l'alternative bon marché que proposent les extraits végétaux riches en actifs phénoliques antioxydants.

ANNEXE I

DISTILLATION DE L'ESTOROB

L'estorob est une huile végétale dans laquelle nous avons soupçonné la présence de son α-tocophérol naturel à travers une analyse par CPG et un test d'oxydation induite par l'AIBN faisant ressortir initialement une brève inhibition. Nous avons tenté de le débarrasser de l'α-tocophérol en le distillant à l'aide de deux techniques afin qu'il soit adéquat pour l'analyse du pouvoir antioxydant par suivi de l'inhibition de l'oxydation induite du linoléate de méthyle qu'il contient.

Une première tentative de distillation a été réalisé en portant rapidement à ébullition, sous vide (6 mbars), l'estorob contenu dans un ballon chauffé à l'aide d'un bec bunsen, suivant des paliers de température de 25 à 50 °C, de 50 à 110 °C et de 110 à 150 °C. Le ballon était surmonté d'un système en verre permettant la condensation des vapeurs puis le recueil des différentes fractions. Des tests d'oxydation induite par l'AIBN pour ces distillats ne révélaient qu'une élimination partielle de l'α-tocophérol au vu de la persistance d'une brève inhibition initiale tout de même moindre que dans le cas de l'estorob non distillé (figure A.1).

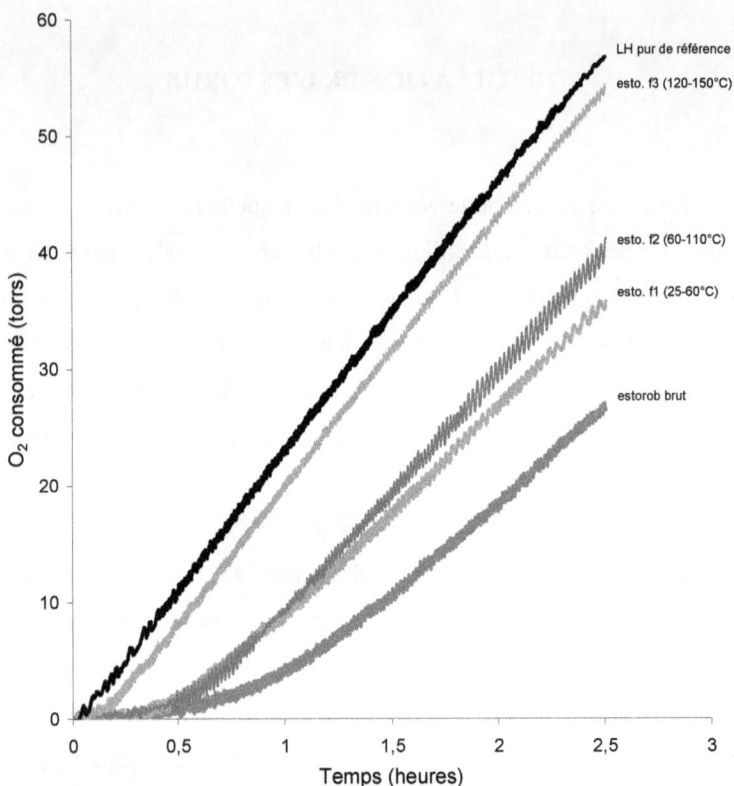

Figure A.1. Consommation d'oxygène lors de l'oxydation du linoléate de méthyle de l'estorob brut et des ses différentes fractions (f) issues de la distillation effectuée à l'aide d'un bec bunsen.

Dans une deuxième tentative de distillation nous avons utilisé un four à boules à travers lequel l'estorob était progressivement et lentement porté à 170 °C, sous vide à 6 mbars. Nous avons obtenu 3 fractions distinctes correspondant aux contenus des trois boules en verre connectées les unes à la suite des autres. Le distillat de la troisième boule se montrait le plus satisfaisant au regard de son test oxydation qui ne laissait plus du tout

196

apparaître de brève inhibition initiale, synonyme d'une élimination de l'α-tocophérol. D'ailleurs, une analyse par CPG confirmait ce résultat. Ce distillat, de couleur jaune clair très pâle par rapport à l'estorob initial, correspondait à un volume de 9,6 mL, sur les 15 mL de départ. Ce protocole de distillation était ensuite renouvelé plusieurs fois pour collecter suffisamment d'estorob distillé afin de pouvoir réaliser de nombreuses analyses des propriétés antioxydantes. L'Estorob distillé était ensuite conservé à 0 °C, à l'abri de la lumière dans un flacon contenant une couche superficielle d'azote.

Par ailleurs, notons que l'objectif visant à éliminer l'α-tocophérol nous a également amené à procéder à des lavages à l'eau de l'estorob qui était ensuite séché avec du sulfate de magnésium anhydre et filtré. Les tests d'oxydation n'indiquaient pas de différence entre l'estorob initial et l'estorob lavé, révélant ainsi que ces lavages à l'eau étaient inefficaces.

ANNEXE II

MÉTHODE DE GUGGENHEIM

Dans l'évaluation du pouvoir antioxydant par suivi de la réactivité avec le radical libre DPPH, la méthode de Guggenheim consiste à utiliser des points de mesure à des intervalles T constants de façon à s'affranchir de la mesure absolue de l'absorbance, et conduit à :

$$\ln(A_t - A_{t+T}) = \text{constante} - kt$$

A_t étant l'absorbance à l'instant t, T l'intervalle de temps constant, et k la constante de vitesse de la réaction.

Ahmad et Hamer (1964) ont montré que la valeur optimale de T est égale à deux ou trois fois le temps de demi-réaction. En voici la démonstration ci-après.

$$A_t = A_0 e^{-kt}$$
$$A_{t+T} = A_0 e^{-k(t+T)}$$
avec A_0 l'absorbance à t = 0

$$A_t - A_{t+T} = A_0 e^{-kt}(1 - e^{-kT})$$
$$\Leftrightarrow \ln(A_t - A_{t+T}) = \ln A_0 - kt + \ln(1 - e^{-kT})$$
$$\Leftrightarrow \ln(A_t - A_{t+T}) = -kt + C$$

On obtient ainsi une droite dont la pente n'est autre que la constante de vitesse k.

ANNEXE III

PRODUITS UTILISÉS ET SYNTHÈSE

PRODUITS UTILISÉS

- Molécules modèles utilisées comme substrats réactionnels

Nom	Marque et qualité	
Phénol	Aldrich	99 %
Catéchol	Lancaster	99 %
(+)-Catéchine hydrate	Fluka	≥ 96 %
Acide gallique monohydrate	Fluka	> 98 %

- Extraits utilisés pour les modifications chimiques

Source végétale	Nom scientifique	Provenance	Type de tanins majoritaires
Châtaignier	*Castanea sativa*	France	hydrolysable
Chêne	*Quercus pedunculata*	France Extraction à froid	hydrolysable
Québracho	*Schinopsis balansae*	Société Inounor (Argentine) Extraction industrielle	catéchique
Pépins de raisin	*Vitis vinifera*	Société Ferco (France)	catéchique

- Catalyseurs réactionnels

Nom	Marque et qualité	
Acide para-toluène sulfonique (APTS)	Aldrich	99 %
Trifluorure de bore diéthyléthérate (BF$_3$.Et$_2$O)	Aldrich	-
Silice (SiO$_2$)	Merck	-
Chlorure d'aluminium (AlCl$_3$)	Fluka	> 99 %

- Substances sources de motifs carbonés pour les greffages réactionnels

Méthode de greffage	Nom de la substance	Marque et qualité	
Alkylation	Bromure de tert-butyle	Fluka	≥ 97 %
	Tert-butylhydroquinone	Fluka	≥ 97 %
Acylation	Anhydride acétique	Aldrich	99 %
Estérification	Dodécan-1-ol (alcool laurique)	Aldrich	98 %
	Chlorure d'acide stéarique	Fluka	-
Couplage oxa-Pictet-Spengler	n-butanal	Aldrich	98 %
	Diheptadécylcétone	Sigma-Aldrich	-
	Acétone (propan-2-one)	Carlo Erba	99,8 %
	Pentan-3-one	Lancaster	99 %
	Pentan-2-one	Sigma-Aldrich	≥ 99 %
	Hexan-2-one	Aldrich	98 %
	Heptan-2-one	Sigma-Aldrich	99 %
	Octan-2-one	Sigma-Aldrich	98 %

- Réactifs et substances servant de supports d'analyse

Méthode	Réactif ou support de l'analyse	Marque et qualité	
Spectroscopie IR	Bromure de potassium anhydre (KBr)	Sigma-Aldrich	99 %
Spectroscopie RMN	Chloroforme deutéré (CDCl₃)	Aldrich	99,8 %
	Méthanol deutéré (CD₃OD)	Aldrich	99,8 %
Inhibition de l'oxydation induite de LH	Linoléate de méthyle (LH)	Fluka	99 %
	Huile végétale Estorob	Estorob BL 14830 et 14831	
	Azobis-isobutyronitrile (AIBN)	Fluka	> 98 %
	Oxygène	Air Liquide	99,995 %
	Butan-1-ol	Sigma -Aldrich	99,9 %
Réactivité avec le DPPH	2,2-Diphényl-1-picrylhydrazyle (DPPH)	Fluka	85%
Mesure de log P	Octan-1-ol	Aldrich	99 %

ALKYLATION DES NOYAUX AROMATIQUES

Synthèse des phénols tert-butylés **(2tB, 4tB, 2,4tB et 2,4,6tB)**

	Phénol (mmol)	t-BuBr (mol)	SiO₂ (g)	Solvant (5 mL)	Temps de réaction (h)	Phénols substitués majoritaires
1ᵉʳ cas	2	4	1	CH₂Cl₂	24	mono-t-butylés
2ᵉᵐᵉ cas	2	12	2	CCl₄	40	di-t-butylés

Au terme des 24 ou 40 heures d'agitation à reflux, le mélange réactionnel était à nouveau suspendu dans du CH_2Cl_2 afin de solubiliser uniquement les phénols ayant satisfait à l'alkylation. Le mélange était filtré et le filtrat finalement évaporé sous vide pour conduire aux produits.

- <u>Produit issu du 1er cas</u> : mélange de 2-*tert*-butyl, 4-*tert*-butyl et 2,4 di-*tert*-butylphénols (**2tB**, **4tB** et **2,4tB**).

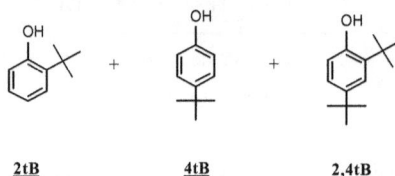

| **2tB** | **4tB** | **2,4tB** |

RMN ^{1}H (CDCl$_3$) : δ(ppm) 1,33 (s, 9H) ; 1,40 (s, 9H) ; 4,88 (s, 1H) ; 6,60 à 7,10 (m, 4H).

IR (KBR): νCH : 2961 cm^{-1};

ν(CH$_3$)$_3$: 1362 cm^{-1}

- <u>Produit issu du 2ème cas</u> : mélange de 4-*tert*-butyl, 2,4 di-*tert*-butyl et 2,4,6 tri-*tert*-butylphénols (**4tB**, **2,4tB** et **2,4,6tB**).

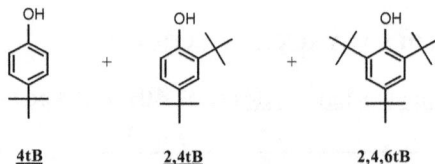

| **4tB** | **2,4tB** | **2,4,6tB** |

RMN ^{1}H (CDCl$_3$) : δ(ppm) 1,31 (s, 9H) ; 1,43 (s, 9H) ; 4,65 (s, 1H) ; 6,40 à 7,51 (m, 3H).

IR (KBR): νCH : 2961 cm^{-1};

ν(CH$_3$)$_3$: 1362 cm^{-1}

ESTÉRIFICATION PAR L'ACIDE STÉARIQUE

Estérification du catéchol

Dans 20 mL de dioxane, nous avons fait réagir mole à mole (18 mmoles) le catéchol avec le chlorure d'acide stéarique, en présence de 30 mg d'acide para-toluène sulfonique (APTS) comme catalyseur. La réaction était conduite à température de reflux du dioxane (100-102 °C) pendant 4 heures sous agitation.

Au terme de la synthèse, le solvant du mélange réactionnel a été éliminé à l'aide d'un évaporateur rotatif. Le résidu obtenu a été resuspendu dans 20 mL de dichlorométhane pour être soumis deux fois à un lavage basique par une solution de 30 mL d'hydrogénocarbonate de sodium $NaHCO_3$ à 8%, afin d'éliminer l'acide stéarique et le catéchol n'ayant pas réagi, puis une fois à un lavage avec 30 mL d'eau. La phase organique a été par la suite séchée par du sulfate de magnésium anhydre éliminé ultérieurement par filtration. Après évaporation du dichlorométhane, nous avons obtenu un résidu solide et blanchâtre de 3,63 g.

Estérification des tanins par l'acide stéarique

Les tanins n'ayant pas une masse molaire bien définie, pour chaque extrait nous avons fait varier le rapport massique des réactifs afin de rechercher la combinaison la plus satisfaisante. Dans un ballon de 100 mL, 1 g d'extrait d'une essence donnée a été dissous avec 1 g, 5 g ou 10 g de chlorure d'acide stéarique dans 40 mL de dioxane. La réaction a été catalysée par 30 mg d'APTS et conduite à température de reflux du dioxane pendant 4 heures sous agitation.

Les 4 heures de synthèse suivies du séchage du mélange réactionnel ensuite lavé par une solution basique $NaHCO_3$ à 8% et par l'eau. Nous avons obtenu des produits solides friables de couleur quasiment identique à celle des extraits d'origine : brun clair pour les dérivés de l'extrait de châtaignier, brun foncé pour celui de chêne et brun-rougeâtre pour celui de québracho.

ESTÉRIFICATION DE L'ACIDE GALLIQUE PAR L'ALCOOL LAURIQUE

Nous avons fait réagir, dans un ballon de 100 mL, 3,4 g d'acide gallique (0,02 mole) avec 18,6g d'alcool laurique (0,1 mole) en présence de 260 mg d'acide p-toluène sulfonique dissous dans 8 mL de xylène. La réaction a été menée à température de reflux du solvant, pendant 3 heures sous agitation.

Une fois la réaction achevée, le mélange réactionnel a ensuite été dilué à chaud avec un volume équivalent d'hexane distillé, et laissé cristalliser une nuit. Ensuite, cette cristallisation a été suivie d'une filtration sous vide sur papier Whatman à l'aide d'un entonnoir et d'un lavage avec un mélange hexane distillé - toluène 50/50 (v/v) pour donner un produit brut. Une deuxième cristallisation a permis de purifier ce produit qui a été finalement séché sous vide dans un dessiccateur. Le gallate de lauryle a été obtenu avec un rendement de 80%.

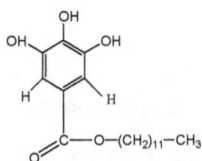

Laurylgallate.

RMN ^{1}H (CDCl$_3$) : δ(ppm) 0,88 (t, J = 6,5 Hz, 3H, -CH$_3$) ; 4,24 (t, J = 6,5 Hz, 2H, -OCH$_2$), 7,16 (s, 2H, ArH).

IR (KBR): νCH : 2917 cm^{-1};

νCH$_2$: 2849 cm^{-1};

νCH$_3$: 1378 cm^{-1};

COUPLAGE OXA-PICTET-SPENGLER

Dans un ballon de 25 mL, nous avons fait réagir la catéchine (250 mg ou 0,86 mmole) avec 68 mmoles d'acétone, de pentan-2-one, d'hexan-2-one, d'heptan-2-one ou d'octan-2-one en présence de 27 µL de trifluorure de bore diéthyléthèrate (C$_2$H$_5$)$_2$O.BF$_3$. Autrement dit, nous avons utilisé les volumes suivants :

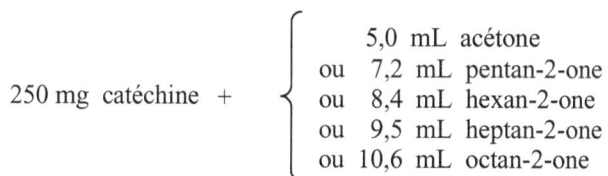

$$
250 \text{ mg catéchine } + \begin{cases} 5,0 \text{ mL acétone} \\ \text{ou} \quad 7,2 \text{ mL pentan-2-one} \\ \text{ou} \quad 8,4 \text{ mL hexan-2-one} \\ \text{ou} \quad 9,5 \text{ mL heptan-2-one} \\ \text{ou} \quad 10,6 \text{ mL octan-2-one} \end{cases}
$$

Ces réactions ont été effectuées sous agitation et à température ambiante pendant 48 heures à l'abri de la lumière pour éviter l'oxydation de la catéchine et éliminant au maximum toute trace d'eau. Les différents mélanges réactionnels ont été désaérés à l'azote pendant 15 min avant l'ajout du catalyseur, puis maintenus sous une agitation soumise à un balayage d'azote pendant les 48 heures de réaction.

A l'issue de chaque réaction, une purification par chromatographie a été exécutée sur colonne de gel de silice avec comme éluant le mélange dichlorométhane / méthanol (9/1, v/v), suivie d'une CCM de chaque fraction recueillie. Les fractions d'intérêt étaient révélées en provoquant l'oxydation de leurs tâches par chauffage à l'aide d'un décapeur thermique. Ces fractions ont été par la suite évaporées sous vide à l'aide d'un évaporateur rotatif et laissées sécher davantage dans une cloche sous vide pendant une nuit.

Un autre type de purification abordé a consisté à laver à l'eau (4 à 5 fois 40 ml) le mélange réactionnel préalablement concentré par évaporation sous vide. Pour chaque lavage, après agitation pendant 5 min du produit brut dans l'eau, suivie de sa séparation par centrifugation, le surnageant a été éliminé par prélèvement à l'aide d'une pipette pasteur, puis le culot a été séché sous vide.

Analyse RMN ^{1}H des dérivés de catéchine

Les expériences RMN ^{1}H ont été réalisées à 400 Mhz, dans du méthanol deutéré (CD_3OD) dont le pic de référence a été précisément calibré à 3,31 ppm dans nos conditions, les déplacements chimiques étant donnés en ppm. Ainsi, les pics dus aux différentes catéchines greffées sont décrits ci-après (les abréviations « ax » et « eq » font référence aux positions axiale et équatoriale) :

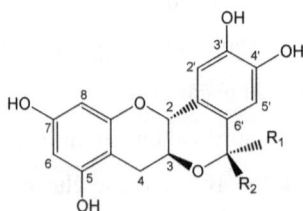

$R_1 = R_2 = -CH_3$ **c3**

$R_1 = -CH_3$, $R_2 = -(CH_2)_2CH_3$ **c5**

$R_1 = -CH_3$, $R_2 = -(CH_2)_3CH_3$ **c6**

$R_1 = -CH_3$, $R_2 = -(CH_2)_4CH_3$ **c7**

$R_1 = -CH_3$, $R_2 = -(CH_2)_5CH_3$ **c8**

Catéchine (**c0**) : δ(ppm) 2,50 (dd, 1H, J = 8,1 Hz, J =16,1 Hz, 4ax) ; 2,84 (dd, 1H, J = 5,4 Hz, J = 16,1 Hz, 4eq) ; 3,97 (ddd, 1H, J = 5,7 Hz, J = 7,8 Hz, J = 7,5 Hz, 3) ; 4,56 (d, 1H, J = 7,5 Hz, 2) ; 5,85 (d, 1H, J = 2,1 Hz, 6) ; 5,93 (d, 1H, J = 2,1 Hz, 8) ; 6,71 (dd, 1H, J = 1,7 Hz, J = 8,1 Hz, 6') ; 6,76 (d, 1H, J = 8,1 Hz, 5') ; 6,83 (d, 1H, J = 1,6 Hz, 2').

Catéchine couplée à l'acétone (**c3**) : δ(ppm) 1,48 (s, 3H, -C$\underline{H}_{3a}$) ; 1,53 (s, 3H, -C$\underline{H}_{3b}$) ; 2,44 (dd, 1H, J = 10,6 Hz, J = 15,3 Hz, 4ax) ; 2,95 (dd, 1H, J = 6,0 Hz, J = 15,4 Hz, 4eq) ; 3,84 (ddd, 1H, J =6,5 Hz, J = 9,8 Hz, J = 9,3 Hz, 3) ; 4,44 (d, 1H, J = 9,2 Hz, 2) ; 5,93 (d, 1H, J = 2,4 Hz, 6) ; 5,95 (d, 1H, J = 2,4 Hz, 8) ; 6,56 (s, 1H, 5') ; 7,02 (d, 1H, J = 0,8 Hz, 2').

Catéchine couplée à la pentan-2-one (**c5**) : deux diastéréomères dont un majoritaire c5 Maj. (65 %) et un minoritaire c5 Min. (35 %).
c5 Maj. : δ(ppm) 0,95 (t, 3H, J = 7,3 Hz, -CH$_2$CH$_2$C$\underline{H}_3$) ; 1,42 (m, 2H, -CH$_2$C$\underline{H}_2$CH$_3$) ; 1,50 (s, 3H, -C$\underline{H}_3$) ; 1,63 (t, 1H, -C$\underline{H}_a$HCH$_2$CH$_3$) ; 1,98 (t, 1H, -C$\underline{H}_b$HCH$_2$CH$_3$) ; 2,43 (dd, J = 10,6 Hz, 15,3 Hz, 4ax) ; 2,95 (dd, 1H, J = 3,1 Hz, J = 5,9 Hz, 4eq) ; 3,75 (m, 1H, 3) ; 4,44 (d, 1H, J = 9,2 Hz, 2) ; 5,93 (d, 1H, J = 2,2 Hz, 6) ; 5,95 (d, 1H, J = 2,2 Hz, 8) ; 6,54 (s, 1H, 5') ; 7,02 (d, 1H, J = 0,8 Hz, 2').
Particularités dues à c5 Min. : δ(ppm) 0,82 (t, 3H, J = 7,3 Hz, -CH$_2$CH$_2$C$\underline{H}_3$) ; 2,92 (dd, 1H, J = 3,1 Hz, J = 5,9 Hz, 4eq) ; 3,80 (m, 1H, 3) ; 4,38 (d, 1H, J = 9,2 Hz, 2) ; 6,52 (s, 1H, 5').

Catéchine couplée à l'hexan-2-one (**c6**) : deux diastéréomères dont un majoritaire c6 Maj. (64 %) et un minoritaire c6 Min. (36 %).

c6 Maj. : δ(ppm) 0,94 (t, 3H, J = 7,3 Hz, -CH$_2$CH$_2$CH$_2$C$\underline{H}_3$), 1,35 (m, 2H, -CH$_2$CH$_2$C$\underline{H}_2$CH$_3$); 1,42 (m, 2H, -CH$_2$C$\underline{H}_2$CH$_2$CH$_3$); 1,50 (s, 3H, -C$\underline{H}_3$); 1,64 (t, 1H, -C$\underline{H}_a$HCH$_2$CH$_2$CH$_3$); 1,99 (t, 1H, -C$\underline{H}_b$HCH$_2$CH$_2$CH$_3$); 2,43 (dd, J = 10,6 Hz, 15,3 Hz, 4ax); 2,95 (dd, 1H, J = 3,1 Hz, J = 5,9 Hz, 4eq); 3,74 à 3,82 (m, 1H, 3); 4,44 (d, 1H, J = 9,2 Hz, 2); 5,93 (d, 1H, J = 2,3 Hz, 6); 5,96 (d, 1H, J = 2,3 Hz, 8); 6,54 (s, 1H, 5'); 7,02 (d, 1H, J = 0,4 Hz, 2'). Particularités dues à c6 Min. : δ(ppm) 0,83 (t, 3H, J = 7,3 Hz, -CH$_2$CH$_2$CH$_2$C$\underline{H}_3$); 1,23 (m, 2H, -CH$_2$CH$_2$C$\underline{H}_2$CH$_3$); 4,39 (d, 1H, J = 9,2 Hz, 2); 6,51 (s, 1H, 5').

Catéchine couplée à l'heptan-2-one (**c7**) : deux diastéréomères dont un majoritaire c7 Maj. (66 %) et un minoritaire c7 Min. (34 %).

c7 Maj. : δ(ppm) 0,91 (t, 3H, J = 7,0 Hz, -CH$_2$CH$_2$CH$_2$CH$_2$C$\underline{H}_3$) ; 1,33 (m, 2H, -CH$_2$CH$_2$CH$_2$C$\underline{H}_2$CH$_3$ et -CH$_2$CH$_2$C$\underline{H}_2$CH$_2$CH$_3$) ; 1,41 (m, 2H, -CH$_2$C$\underline{H}_2$CH$_2$CH$_2$CH$_3$) ; 1,50 (s, 3H, -C$\underline{H}_3$) ; 1,77 (t, 1H, -C$\underline{H}_a$HCH$_2$CH$_2$CH$_2$CH$_3$) ; 1,98 (t, 1H, -C$\underline{H}_b$HCH$_2$CH$_2$CH$_2$CH$_3$) ; 2,43 (dd, J = 10,6 Hz, 15,3 Hz, 4ax) ; 2,95 (dd, 1H, J = 3,1 Hz, J = 5,9 Hz, 4eq) ; 3,72 à 3,78 (m, 1H, 3) ; 4,44 (d, 1H, J = 9,2 Hz, 2) ; 5,93 (d, 1H, J = 2,3 Hz, 6) ; 5,96 (d, 1H, J = 2,3 Hz, 8) ; 6,54 (s, 1H, 5') ; 7,02 (d, 1H, J = 0,8 Hz, 2'). Particularités dues à c7 Min. : δ(ppm) 0,83 (t, 3H, J = 7,0 Hz, -CH$_2$CH$_2$CH$_2$CH$_2$C$\underline{H}_3$) ; 1,24 (m, 2H, -CH$_2$CH$_2$CH$_2$C$\underline{H}_2$CH$_3$ et -CH$_2$CH$_2$C$\underline{H}_2$CH$_2$CH$_3$) ; 4,39 (d, 1H, J = 9,2 Hz, 2) ; 6,51 (s, 1H, 5').

Catéchine couplée à l'octan-2-one (**c8**) : deux diastéréomères dont un majoritaire c8 Maj. (69 %) et un minoritaire c7 Min. (31 %).

c8 Maj. : δ(ppm) 0,90 (t, 3H, J = 7,0 Hz, -CH$_2$CH$_2$CH$_2$CH$_2$CH$_2$C$\underline{H}_3$) ; 1,32 (m, 2H, -CH$_2$CH$_2$CH$_2$CH$_2$C$\underline{H}_2$CH$_3$, -CH$_2$CH$_2$CH$_2$C$\underline{H}_2$CH$_2$CH$_3$ et -

CH$_2$CH$_2$C$\underline{H}_2$CH$_2$CH$_2$CH$_3$) ; 1,41 (m, 2H, -CH$_2$C$\underline{H}_2$CH$_2$CH$_2$CH$_2$CH$_3$) ; 1,50 (s, 3H, -C$\underline{H}_3$) ; 1,62 (t, 1H, -C$\underline{H}_a$HCH$_2$CH$_2$CH$_2$CH$_2$CH$_3$) ; 1,81 (t, 1H, -CH$\underline{H}_b$HCH$_2$CH$_2$CH$_2$CH$_2$CH$_3$) ; 2,43 (dd, J = 10,6 Hz, 15,3 Hz, 4ax) ; 2,95 (dd, 1H, J = 3,1 Hz, J = 5,9 Hz, 4eq) ; 3,72 à 3,77 (m, 1H, 3) ; 4,44 (d, 1H, J = 9,2 Hz, 2) ; 5,93 (d, 1H, J = 2,1 Hz, 6) ; 5,96 (d, 1H, J = 2,1 Hz, 8) ; 6,54 (s, 1H, 5') ; 7,02 (d, 1H, J = 0,8 Hz, 2').

Particularités dues à c8 Min. : δ(ppm) 1,02 (t, 3H, J = 7,0 Hz, -CH$_2$CH$_2$CH$_2$CH$_2$CH$_2$C$\underline{H}_3$) ; 1.20 (m, 2H, -CH$_2$CH$_2$CH$_2$CH$_2$C$\underline{H}_2$CH$_3$, -CH$_2$CH$_2$CH$_2$C$\underline{H}_2$CH$_2$CH$_3$ et -CH$_2$CH$_2$C$\underline{H}_2$CH$_2$CH$_2$CH$_3$) ; 4,39 (d, 1H, J = 9,2 Hz, 2) ; 6,51 (s, 1H, 5').

Couplage oxa-Pictet-Spengler appliqué aux extraits

Comme dans le cas de la catéchine, la synthèse s'est déroulée dans un ballon de 25 mL. Nous avons utilisé ici 312,5 mg d'extrait (tanins Seed H ou québracho) dans tous les essais, par rapport aux 250 mg (= 312,5 x 0,8) (ou 0,86 mmole) de catéchine utilisés précédemment. Plus précisément, en présence de 27 µL de (C$_2$H$_5$)$_2$O.BF$_3$, nous avons soumis 312,5 mg d'extrait aux combinaisons suivantes et en tenant compte de la masse molaire de la cétone concernée :

312,5 mg extrait Seed H + 27 µL (C$_2$H$_5$)$_2$O.BF$_3$

- 5,0 mL acétone
- ou 7,2 mL pentan-2-one
- ou 8,4 mL hexan-2-one
- ou 9,5 mL heptan-2-one
- ou 10,6 mL octan-2-one

Les différents mélanges réactionnels ont été dégazés pendant 15 min avant ajout du catalyseur et exposés à un balayage d'azote pendant 48 heures, sous agitation, à température ambiante en atmosphère anhydre et à l'abri de la lumière pour prévenir toute oxydation des tanins. Ils ont été ensuite, à l'issue de la synthèse, concentrés par évaporation et lavé 4 à 5 fois 40 mL à l'eau.

Cas de l'extrait Seed H modifié à une plus grande échelle

Dans un ballon de 250 mL, la réaction a mis en jeu 5 g d'extrait Seed H, 80 mL d'acétone et 480 µL de $BF_3.Et_2O$. Le déroulement de la réaction s'est effectué comme précédemment.

ANNEXE IV

PROTOCOLE D'EXTRACTION DE L'EXTRAIT DE CHÊNE

Pour ne pas risquer de dégrader les différentes molécules contenues dans les extraits du bois de chêne, nous retenons un protocole d'extraction à froid. La température tout au long du protocole reste inférieure à 40°C. Les étapes de ce protocole sont les suivantes.

a) Après broyage du bois de chêne, obtention d'une sciure dont le diamètre des particules est compris entre 0,125 et 1 mm.

b) Lavage à l'éther de pétrole pendant 24 heures dans les proportions suivantes : 1 g de sciure de bois pour 4 mL d'éther de pétrole. Les substances recueillies sont des acides gras libres, des stéarines, des cires et des paraffines.

c) L'extraction est faite avec un mélange acétone-eau (70/30, v/v) pendant 24 heures dans les proportions suivantes : 1 g de sciure pour 4 mL de mélange acétone-eau. On renouvelle l'opération jusqu'à ce que la solution ne se colore plus.
Les substances recueillies sont principalement des tanins hydrolysables, de l'acide gallique, de l'acide ellagique, des stilbènes et des sucres monomères.

d) Séparation des extraits du mélange acétone-eau par évaporation à 40°C sous pression réduite. Le produit obtenu est une poudre odorante de couleur terre de Sienne noire et très riche en extraits polyphénoliques.

Le rendement est de 8,36 % en masse.

Nos extraits bruts de chêne comportent d'après Weissmann et coll. (1989) essentiellement des tanins hydrolysables accompagnés dans une plus faible proportion par des sucres monomères et des terpènes. Il est vraisemblable que les traces de procyanidines monomères (Scalbert et coll., 1988) présentes dans le bois extrait se retrouvent dans notre fraction.

ANNEXE V

EXTRAIT SEED H : COMPARAISON DU CHROMATOGRAMME HPLC DU FOURNISSEUR ET DU NÔTRE

L'extrait de pépin de raisin utilisé dans les couplages visant à le rendre lipophile est commercialisé sous le nom de « Grap' Active Seed H » par la société Ferco (Saint-Montan, France) qui fournit également le chromatogramme de cet extrait. Le fournisseur décrit la réalisation de son chromatogramme à l'aide d'une colonne Intersil C18 (4,6 x 250 mm ; 5 µm), l'élution étant effectuée avec une solution d'acide acétique à 10 % et avec de l'eau selon un gradient allant de 20 à 100 % de la solution d'acide acétique entre 0 et 100 minutes. Le débit d'élution étant de 1mL/min et la température fixée à 25 °C. Le chromatogramme fourni est celui de la figure A.2 (http://www.ferco-dev.com).

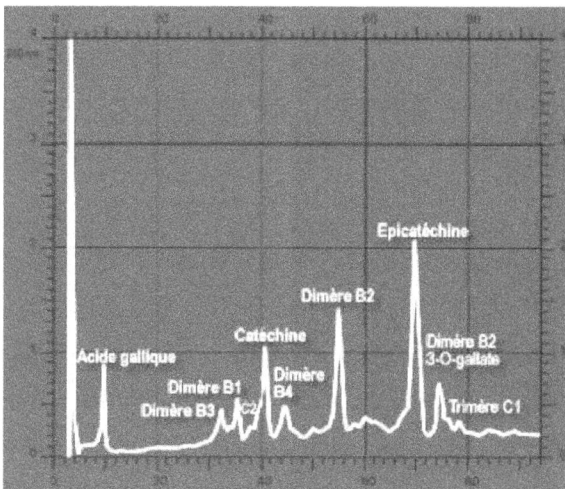

Figure A.2. Chromatogramme HPLC (détection UV, 280 nm) du fournisseur Ferco pour l'extrait de pépin de raisin Seed H.

En se plaçant exactement dans les mêmes conditions d'élution que celles du fournisseur, nous avons reproduit ce chromatogramme afin de le vérifier globalement (figure A.3). Notons que nous avons vérifié l'identification des pics de l'acide gallique, de la catéchine et de l'épicatéchine dont les analyses ont été faites séparément dans les mêmes conditions.

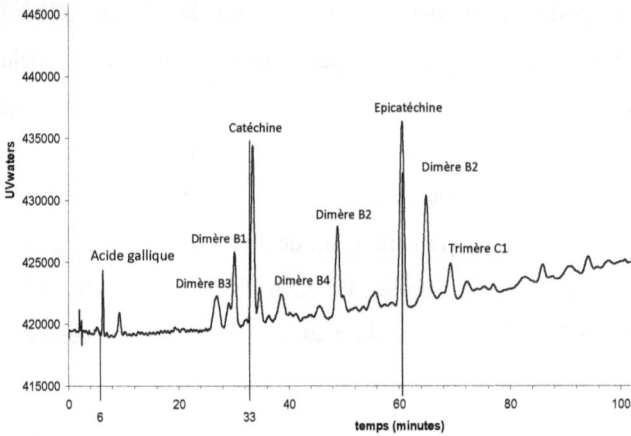

Figure A.3. Chromatogramme HPLC (détection UV, 280 nm) de l'extrait de pépin de raisin Seed H réalisé dans les mêmes conditions que celui du fournisseur Ferco.

Notre chromatogramme s'est ainsi montré conforme à celui du fournisseur. Il est aussi assez proche de celui de la figure III.24 correspondant, entre autres, à l'extrait Seed H (s0) analysé dans d'autres conditions. Les conditions d'élution du fournisseur n'ont pas été retenues pour notre étude en raison de son acidité élevée (jusqu'à 10 % d'acide acétique) et du fait qu'il ne permette pas la visualisation du pic des polymères, contrairement aux conditions du chromatogramme de la figure III.24.

ANNEXE VI

UTILISATION DU RADICAL LIBRE GALVINOXYLE DANS LA MESURE DU POUVOIR ANTIOXYDANT

Pour réaliser les réactions de couplage de la catéchine, nous nous sommes inspirés des travaux de Fukuhara et coll. (2002) qui ont, entre autres, annoncé avoir mesuré des propriétés antioxydantes améliorées pour la catéchine couplée avec l'acétone. Etant donné que les résultats de nos analyses de ces propriétés par suivi de l'inhibition de l'oxydation induite de LH et par réactivité avec le radical libre DPPH étaient opposés à ceux de ces auteurs, nous avons utilisé le radical libre galvinoxyle, comme ces derniers. Nous avons ainsi mesuré la constante de vitesse dans la réaction du galvinoxyle $2,4.10^{-6}$ M avec la catéchine puis avec son dérivé couplé à l'acétone $1,1.10^{-4}$, $1,5.10^{-4}$ ou $1,7.10^{-4}$ M. Différentes valeurs de constantes de vitesse apparentes k ont été déterminées selon la transformée de Guggenheim afin de mesurer la constante de vitesse k' d'ordre 2 révélatrice de l'activité antioxydante (figure A.4).

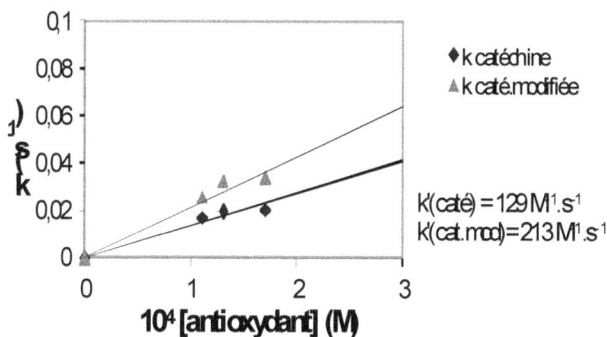

Figure A.4. Détermination des pentes k', constantes de vitesse d'ordre 2 dans la réaction du radical libre galvinoxyle $2,4.10^{-6}$ M avec la catéchine puis avec son dérivé couplé à l'acétone $1,1.10^{-4}$, $1,5.10^{-4}$ ou $1,7.10^{-4}$ M.

Ces résultats ont indiqué effectivement une amélioration du pouvoir antioxydant, passant d'une valeur de 129 $M^{-1}.s^{-1}$ pour la catéchine à 213 $M^{-1}.s^{-1}$ pour son dérivé, lorsque le galvinoxyle était utilisé. Lorsque ce dernier était remplacé par le DPPH, la variation de cette activité s'illustrait dans le sens contraire, passant de 180 $M^{-1}.s^{-1}$ pour la catéchine à 80 $M^{-1}.s^{-1}$ pour son dérivé (figure A.5). Nous en avons déduit que le galvinoxyle n'est très probablement pas approprié pour le suivi de l'activité antioxydante des composés, étant donné qu'il ne permet pas d'aboutir à des résultats cohérents avec ceux des méthodes plus classiques.

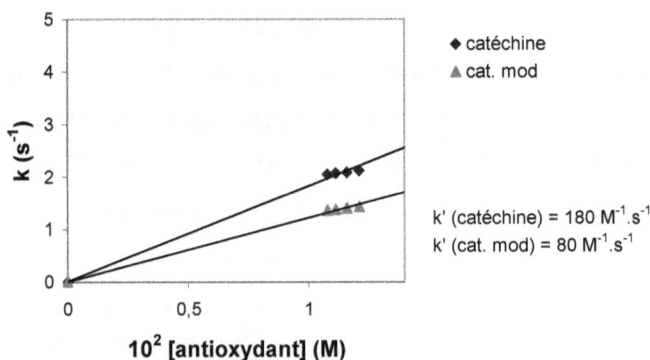

Figure A.5. Détermination des pentes k', constantes de vitesse d'ordre 2 dans la réaction du radical libre DPPH $1,0.10^{-4}$ M avec la catéchine puis avec son dérivé couplé à l'acétone $1,06.10^{-2}$, $1,11.10^{-2}$, $1,16.10^{-2}$ ou $1,22.10^{-2}$ M.

RÉFÉRENCES BIBLIOGRAPHIQUES

Ahmad M., and Hamer J. 1964. *A pseudo-First-Order-Second-Order Kinetics Experiment. An illustration of the Guggenheim method.* J. Chem. Ed., **41**, 249.

Amarowicz, R., and Shahidi F. 1996. *A rapid chromatographic method for separation of individual catechins from green tea.* Food Research International, **29**, 71-76.

An Q.-D., Dong X.-L., Wang S.J., and Ma J.-H. 2001. *Enzymatic synthesis of ascorbyl palmitate by transesterification in non-aqueous medium.* Hecheng Huaxue, **9**, 131-133.

Ault W.F., Weil J.K., Nutting G.C., and Cowan J.C. 1947. *Direct esterification of gallic acid with higher alcools.* J. Am. Chem. Soc., **69**, 2003-2005.

Awale S., Tezuka Y., Wang S., and Kadota S. 2002. *Facile and Regioselective Synthesis of Phenylpropanoid-Substituted Flavan-3-ols.* Org. Lett., **4**, 1707-1709.

Becker K., and Makkar H.P.S. 1999. *Effects of dietary tannic acid and quebracho tannin on growth performance and metabolic rates of common carp (Cyprinus carpio L.).* Aquaculture, **175**, 327-335.

Bocquillon N. 1996. *Etude cinétique des propriétés antioxydantes de flavonoïdes*. DEA de Chimie et Physico-Chimie Moléculaires, Université Henri Poincaré, Nancy.

Bradoo S., Saxena R.K., and Gupta R. 1999. *High yields of ascorbyl palmitate by thermostable lipase-mediated esterification*. J. Am. Oil Chem. Soc., **76**, 1291-1295.

Brand-Williams W., Cuvelier M.E., and Berset C. 1995. *Use of a free radical method to evaluate antioxidant activity*. Lebensm.-Wiss. U.-Technol., **28**, 25-30.

Brouillard R., and Dubois J.-E. 1977a. *Mechanism of the structural transformations of anthocyanins in acidic media*. J. Am. Chem. Soc., **99**, 1359-1364.

Brouillard R., and Delaporte B. 1977b. *Chemistry of anthocyanin pigments. 2. Kinetic and thermodynamic study of proton transfer, hydration, and tautomeric reactions of malvidin 3-glucoside*. J. Am. Chem. Soc., **99**, 8461-8468.

Chen H.-M., Muramoto K., and Yamauchi F. 1995. *Structural Analysis of Antioxidative Peptides from Soybean β-Conglycinin*. J. Agric. Food Chem., **43**, 574-578.

Chen P., and Du Q. 2003. *Isolation and Purification of a Novel Long-Chain Acyl Catechin from Lipophilic Tea Polyphenols*. Chinese Journal of Chemistry, **21**, 979-981.

Chen W.-K., Tsai C.-F., Liao P.-H., Kuo S.-C., and Lee Y.-J. 1999. *Synthesis of caffeic acid esters as antioxidants by esterification via acyl chlorides*. Chinese Pharmaceutical Journal, **51**, 271-278.

Chevolleau S. 1990. *Etude de l'activité antioxydante des plantes : importance de l'α-tocophérol*. Thèse de doctorat, Université de Droit et d'Economie et des Sciences d'Aix-Marseille III.

Chiabrando C., Avanzini F., Rivalta C., Colombo F., Fanelli R., Palumbo G., and Rongcaglioni M.C. 2002. *Long-term vitamin E supplementation fails to reduce lipid peroxidation in people at cardiovascular risk: analysis of underlying factors*. Current Controlled Trials in Cardiovascular Medecine [online computer file], **3**, No pp given.

Dangles O., Fargeix G., and Dufour C. 1999. *One-electron oxidation of quercetin and quercetin derivatives in protic and non protic media*. J. Chem. Soc. Perkin Trans. 2, 1387-1395.

Daridon B. 2004. *Synthèse d'additifs antioxydants lipophilisés, potentiellement abaisseurs de point d'écoulement, à partir de chaînes oléiques pour les fluides hydrauliques et les graisses biodégradables*. Rapport de PRABIL à l'ADEME.

De Bruyne T., Pieters L., Deelstra H., and Vlietinck A. 1999. *Condensed vegetable tannins: Biodiversity in structure and biological activities*. Biochemical Systematics and Ecology, **27**, 445-459.

De Freitas V. A. P., Glories Y., Bourgeois G., and Vitry C. 1998. *Characterization of oligomeric and polymeric procyanidins from grape seeds by liquid secondary ion mass spectrometry.* Phytochemistry, **49**, 1435-1441.

Dirckx O. 1998. Etude *du comportement de l'Abies Grandis sous irradiation solaire.* Thèse de doctorat, Université Henri Poincaré, Nancy.

Diouf P.-N. 2003. *Etude comparative de méthodes de mesure de l'activité antioxydante. Applications aux extractibles de bois. Liens avec la stabilité de la couleur du bois.* Thèse de doctorat, Université Henri Poincaré, Nancy.

Diouf P.-N., Merlin A., and Perrin D. 2006. *Antioxidant properties of wood extracts and colour stability of woods.* Annals of Forest Science, **63**, 525-534.

El-Demerdash F.M. 2004. *Antioxidant effect of vitamin E and selenium on lipid peroxidation, enzyme activities and biochemical parameters in rats exposed to aluminium.* Journal of Trace Elements in Medecine and Biology, **18**, 113-121.

El Oualja H., Perrin D., and Martin R. 1995. *Influence of β-carotene on the induced oxidation of ethyl linoleate.* New J. Chem., **19**, 1187-1198.

Empson K.L., Labuza T.P., and Graf E. 1991. *Phytic acid as a food antioxidant.* Journal of Food Science, **56**, 560-563.

Farag R.S., Badei A.Z.M.A., and Elbaroty G.S.A. 1989. *Antioxidant Activity of Some Spice Essential Oils on Linoleic Acid Oxidation in Aqueous Media.* J. Am. OU. Chem. Soc., **66**, 792.

Fengel D., and Wegener G. 1984. *Wood : Chemistry, ultrastructure, reactions.* De Gruyter, Berlin, Fed. Rep. Ger., pp 613.

Figueroa-Espinoza M.-C., and Villeneuve P. 2005. *Phenolic Acids Enzymatic Lipophilization.* J. Agric. Food Chem., **53**, 2779-2787.

Flamini R. 2003. *Mass spectrometry in grape and wine chemistry. Part I: polyphenols.* Mass Spectrometry Reviews, **22**, 218-250.

Foti M.C., Daquino C., and Geraci C. 2004. *Electron-Transfert Reaction of Cinnamic Acids and Their Methyl Esters with the DPPH Radical in Alcoholic Solutions.* J. Org. Chem., **69**, 2309-2314.

Fukuda Y., Osawa T., Namiki M., and Ozaki T. 1985. *Studies on antioxidative substances in sesame seed.* Agricultural and Biological Chemistry, **49**, 301-306.

Fukuhara K., Nakanishi I., Kansui H., Sugiyama E., Kimura M., Shimada T., Urano S., Yamaguchi K., and Miyata N. 2002. *Enhanced Radical-Scavenging Activity of a Planar Catechin Analogue.* J. Am. Chem. Soc., **124**, 5952-5953.

Galindo F., Jiménez M.C., Miranda M.A., and Tormos R. 1996. *Photochemical ortho-acylation of phenols with 1,1,1,-trichloroethane.* Journal of Photochemistry and Photobiology A: Chemistry, **97**, 151-153.

Goupy P., Dufour C., Loonis M., and Dangles O. 2003. *Quantitative kinetic analysis of hydrogen transfer reactions from dietary polyphenols to the DPPH radical.* J. Agric. Food Chem., **51**, 615-622.

Grayer R.J., and Harborne J.B. 1994. *A survey of antifungal compounds from higher plants 1982-1993.* Phytochemistry, **37**, 19-42.

Grayer R.J. Harborne J.B., Kimmins E.M., Stevenson F.C., and Wijayagunasekera H.N.P. 1994. *Phenolics in rice phloem sap as sucking deterrents to the brown plant hopper Nilaparvata lugens.* Acta Horticulturae, **381**, 691-694.

Guiso M., Marra C., and Cavarischia C. 2001. *Isochromans from 2-(3_,4_-dihydroxy)phenylethanol.* Tetrahedron Letters, **42**, 6531-6534.

Guyot B., Bosquette B., Pina M, and Graille J. 1997. *Esterification of phenolic acids from green coffee with an immobilized lipase from Candida Antarctica in solvent-free medium.* Biotechnol. Lett., **19**, 529-532.

Hakamata W., Nakanishi I., Masuda Y., Shimizu T., Higuchi H., Nakamura Y., Saito S., Urano S., Oku T., Ozawa T., Ikota N., Miyata N., Okuda H., and Fukuhara K.J. 2006. *Planar Catechin Analogues with Alkyl Side Chains: A Potent Antioxidant and an -Glucosidase Inhibitor.* J. Am. Chem. Soc., **128**, 6524-6525.

Halliwell B. 2007. *Flavonoids : a re-run of the carotenoids story?* Novartis Foundation Symposium, **282** (Dietary Supplements and Health), 93-104.

Haluk J.-P. 1994. *Composition chimique du bois*, in *Le bois, matériau d'ingénierie*, Jodin P. coordonnateur, ARBOLOR, Nancy, pp 75-86.

Harborne J.B. 1999. *The comparative biochemistry of phytoalexin induction in plants*. Biochemical Systematics and Ecology, **27**, 335-368.

Harborne J.B., and Williams C.A. 2000. *Advances in flavonoid research since 1992*. Phytochemistry, **55**, 481-504.

Haslam E. 1982. *Proanthocyanidins*, in *The Flavonoids: Advances in Research*, Harborne J.B. and Mabry T.J. eds., Chapman and Hall, London and New York, pp 427-447.

Haslam E. 1998. *Practical polyphenolics: from structure to molecular recognition and physiological action*, Cambridge University Press, Cambridge, pp 422.

Hertog M.G.L., Hollman P.C.H., Katan M.B., and Kromhout D. 1993. *Intake of potentially anticarcinogenic flavonoids and their determinants in adults in The Netherlands*. Nutrition and Cancer, **20**, 21-29.

Herve Du Penhoat C.L.M., Michon V.M.F., Peng S., Viriot C., Scalbert A., and Gage D. 1991. *Structural elucidation of new dimeric ellagitannins from Quercus robur L. Roburins A-E.* J. Chem. Soc. Perkin 1, **7**, 1653-1660.

Hillis W.E. 1962. *Wood Extractives and their Significance to the Pulp and Paper Industries.* Academic Press, New York, pp 513.

http://www.ferco-dev.com (visité le 22/02/2009)

Humeau C., Girardin M., Coulon D., and Miclo A. 1995. *Synthesis of 6-O-palmitoyl L-ascorbic acid catalyzed by Candida Antarctica lipase.* Biotechnology Letters, **17**, 1091-1094.

Iosub I., Giurginca M., Iftimie N., and Meghea A. 2006. *Redox Properties of Some Aminoacids and Proteins.* Molecular Crystals and Liquid Crystals, **448**, 641-651.

Jin G., and Yoshioka H. 2005. *Synthesis of Lipophilic Poly-Lauroy-(+)-Catechins and Radical-Scavenging Activity.* Biosci. Biotechnol. Biochem., **69**, 440-447.

Jitoe A., Masuda T., Tengah I.G.P., Suprapta D.N., Gara I.W., and Nakatani N. 1992. *Antioxidant activity of tropical ginger extracts and analysis of the contained curcuminoids.* J. Agric. Food Chem., **40**, 1337-1340.

Johnson D.R. and Gu L.C. 1988. in *Autoxidation and Antioxidants*, John Wiley, New York, pp 433-448.

Kametani T., Kigasawa K., Hiiragi M., Ishimaru H., and Wagatsuma N. 1975. *Simple synthesis of benzopyrans.* Heterocycles, **3**, 521-527.

Kamitori Y., Hojo M., Masuda R., Izumi T., and Tsukamoto S. 1984. *Silica gel as effective catalyst for the alkylation of phenols and some heterocyclic aromatic compounds.* J. Org. Chem., **49**, 4161-4165.

Kasuga A., Aoyagi Y., and Sugahara T. 1988. *Antioxidant activities of edible plants.* Nippon Shokuhin Kogyo Gakkaishi, **35**, 828-834.

Kim C.M., and Pratt D.E. 1990. *Degradation products of 2-tertyl-hydroquinone at frying temperature.* Journal of Food Science, **55**, 847-850.

Klumpers J. 1994. *Le déterminisme de la couleur du bois de chêne. Etudes sur les relations entre la couleur et les propriétés physiques, chimiques, anatomiques ainsi que les caractéristiques de croissance.* Thèse ENGREF en sciences du bois, Nancy, pp 195.

Kontogianni A., Skouridou V., Sereti V., Stamatis H., and Kolisis F.N. 2001. *Regioselective acylation of flavonoïdes catalyzed by lipase in low toxicity media.* Eur. J. Lipid Sci. Technol., **103**, 665-670.

Kontogianni A., Skouridou V., Sereti V., Stamatis H., and Kolisis F.N. 2003. *Lipase-catalyzed esterification of rutin and naringin with fatty acids of medium carbon chain.* J. Molec. Cat. B Enz., **21**, 59-62.

Kubo I., Fujita K.-I., and Nihei K.-I. 2002. *Anti-Salmonella Activity of Akyl Gallates.* J. Agric. Food Chem., **50**, 6692-6696.

Kwak J.-H., Kang H.-E., Jung J.-K., Kim H., Cho J., and Lee H. 2006. *Synthesis of 7-Hydroxy-4H-Chromene-and 7-Hydroxychroman-2-*

Carboxylic Acid N-Alkyl Amides and Their Antioxidant Activities. Arch. Pharm. Res., **29**, 728-734.

Laguerre M., Lecomte, J., and Villeneuve, P. 2007. *Evaluation of the ability of antioxidants to counteract lipid oxidation: Existing methods, new trends and challenges.* Progress in Lipid Research, **46**, 244-282.

Le Tutour B. 1990. *Antioxidative activities of algal extracts, synergistic effect with vitamin E.* Phytochemistry, **29**, 3759-3765.

Lewis P.T., Wähälä K., Hoikkala A., Mutikainen I., Meng Q., Adlercreutz H., and Tikkanen M.J. 2000. *Synthesis of Antioxidant Isoflavone Fatty Acid Esters.* Tetrahedron, **56**, 7805-7810.

Ley J.P., and Bertram H.-J. 2001. *Synthesis of polyhydroxylated aromatic mandelic acid amides and their antioxidative potential.* Tetrahedron, **57**, 1277-1282.

Ley J.P., and Bertram H.-J. 2003. *3,4-Dihydroxymandelic acid amides of alkylamines as antioxidants for lipids.* Eur. J. Lipid Sci. Technol., **105**, 529-535.

Litwinienko G., and Ingold K.U. 2003. *Abnormal Solvent Effects on Hydrogen Atom Abstractions. 1. The Reactions of Phenols with 2,2-Diphenyl-1-picrylhydrazyl (dpph) in Alcohols.* J. Org. Chem., **68**, 3433-3438.

Lopez-Giraldo L.J., Laguerre M., Lecomte J., Figueroa-Espinoza M.-C., Pina M., and Villeneuve P. 2007. *Lipophilisation de composés phénoliques par voie enzymatique et propriétés antioxydantes des molécules lipophilisées*. OCL, **14**, 51-59.

Lotito S.B., and Frei B. 2006. *Consumption of flavonoid-rich foods and increased plasma antioxidant capacity in humans: cause, consequence, or epiphenomenon?* Free Radic. Biol. Med., **41**, 1727-1746.

Ma Z.-H., Wang Q.-E., Tang A.B., and Shi B. 2001. *Synthesis of stearoyl tannic acid ester and its antioxidant effect*. Jingxi Huagong, **18**, 653-655 (en chinois, résumé en anglais).

Ma Z.-H., Yao K., and Shi B. 2003. *Synthesis of esterified tannic acid possessing surface activities and studies on properties of the products*. Linchan Huaxue Yu Gongye, **23**, 21-24 (en chinois, résumé en anglais).

Malgesini B., Verpilio I., Ducan R., and Ferruti P. 2003. *Poly(amido-amine)s carrying primary amino groups as side substituents*. Macromol. Biosci., **3**, 59-66.

Martin R. 1996. *Influence des substances extractibles sur le comportement photochimique du bois de chêne. Propriétés antioxydantes de ces composés*. Thèse de doctorat, Université Henri Poincaré, Nancy.

Mayer W., Gabler W., Riester A., and Korger H. 1967a. *Über die Gerbstoffe aus dem Holtz der Edelkastanie und der Eiche, II Die Isolierung von Castalagin, Vescalagin, Castalin und Vescalin* (traduit). Liebigs Ann. Chem., **707**, 177-181.

Mayer W., Einwiller A., and Jochims J. C. 1967b. *Über die Gerbstoffe aus dem Holtz der Edelkastanie und der Eiche, III Die Struktur des Castalins* (traduit). Liebigs Ann. Chem., **707**, 182-189.

Mayer W., Kuhlmann F., and Schilling G. 1971. *Über die Gerbstoffe aus dem Holtz der Edelkastanie und der Eiche, IV Die Struktur des Vescalins* (traduit). Liebigs Ann. Chem., **747**, 51-59.

Meng Q.H., Lewis P., Wahala K., Adlercreutz H., and Tikkanen M.J. 1999. *Incorporation of esterified soybean isoflavones with antioxidant activity into low density lipoprotein.*   Biochimica et biophysica acta, **1438**, 369-376.

Metche M., and Gérardin M. 1980. in *Les polymères végétaux*, Montiès B. coordonnateur, Gautier-Villars, Paris, pp 252-258.

Metrohm, 2008 :
http://www.metrohm.fr/rancimat/applications_rancimat.php (visité le 17/12/2008)

Morris S.G., and Riemenschneider R.W. 1946. *Higher fatty alcohol esters of gallic acid*. J. Am. Chem. Soc., **68**, 500-501.

Mounanga T.K. 2008. *Tensioactifs antioxydants originaux pour la formulation de produits de préservation du bois.* Thèse de doctorat, Université Henri Poincaré, Nancy.

Mounanga T.K., Gérardin P., Poaty B., Perrin D., and Gérardin C. 2008. *Synthesis and properties of antioxidant amphiphilic ascorbate salts.* Colloids and Surfaces A: Physiochem. Eng. Aspects, **318**, 134-140.

Noferi M., Masson E., Merlin., Pizzi A., and Deglise X. 1996. *Antioxidant Characteristics of Hydrolysable and Polyflavonoid Tannins: An ESR Kinetic Study.* Journal of Applied Polymer Science, **63**, 475-482.

Nonaka G., Nakayama S., and Nishioka I. 1989. *Tannins and related compounds. LXXXIII. Isolation and Structures of hydrolyzable tannins, phillyraeoidins A-E from Quercus phillyraeoides.* Chem. Pharm. Bull., **37**, 2030-2036.

Ohashi H., Kyogoku T., Ishikawa T., Kawase S.-I., and Kawai S. 1999. *Antioxidative activity of tree phenolic constituents I: Radical-capturing reaction of flavon-3-ols with radical initiator.* J. Wood Sci., **45**, 53-63.

Orallo F. 2008. *Trans- resveratrol: a magical elixir of eternal youth?* Current Medicinal Chemistry, **15**, 1887-1898.

Park K.D., Park Y.S., Cho S.J., Sun W.S., Kim S.H., Jung D.H., and Kim J.H. 2004. *Antimicrobial activity of 3-O-acyl-(-)epicatechin and 3-O-acyl-(+)-catechin derivatives.* Planta Medica, **70**, 272-276.

Pictet, A., and Spengler T. 1911. *Über die Bildung von Isochinolin-derivaten durch Einwirkung von Methylal auf Phenyl-äthylamin, Phenyl-alanin und Tyrosin.* Chemische Berichte, **44**, 2030-2036.

Peng Z., Hayasaka Y., Iland P.G., Sefton M., Høj P., and Waters E.J. 2001. *Quantitative Analysis of Polymeric Procyanidins (Tannins) from Grape (Vitis vinifera) Seeds by Reverse Phase High-Performance Liquid Chromatography.* J. Agric. Food Chem., **49**, 26-31.

Perrin D., Diouf P.-N., George B., et Charpentier J.-P. 2005. *Amélioration des propriétés de biodégradabilité et de stabilité des biolubrifiants par la substitution d'antioxydants d'origine naturelle aux antioxydants d'origine pétrochimique.* Rapport à AGRICE.

Perrin D., El Oualja H., Martin R. 1996. *Antioxidant properties of all-trans-β-carotene/α-tocopherol mixtures in the induced oxidation of ethyl linoleate.* J. Chem. Phys., **93**, 1462-1471.

Ralston A.W., McCorkle M.R., and Bauer S.T. 1940. *Orientation in the acylation of phenol and in the rearrangement of phenolic esters.* J. Org. Chem., **5**, 645-659.

Ramarathnam N., Osawa T., Namiki M., and Kawakishi S. 1989. *Chemical studies on novel rice hull antioxidants. 2. Identification of isovitexin, a C-glycosyl flavonoid.* J. Agric. Food Chem., **37**, 316-319.

Rousseau-Richard C. 1986. *Inhibition de l'oxydation induite du linoléate deméthyle par des dérivés phénoliques ou par les vitamines E ou C. Effet de synergie de la vitamine C ou de composés aminés sur les propriétés inhibitrices de la vitamine E.* Thèse de doctorat, Université Henri Poincaré, Nancy.

Rousseau-Richard C., Richard C., and Martin R. 1988a. *Etude cinétique de l'influence complexe, pro ou antioxydante, de dérivés phénoliques sur l'oxydation induite d'un substrat polyinsaturé. I - Analyse du mécanisme réactionnel.* J. Chim. Phys., **85**, 167-173.

Rousseau-Richard C., Richard C., and Martin R. 1988b. *Etude cinétique de l'influence complexe, pro ou antioxydante, de derivés phénoliques sur l'oxydation induite d'un substrat polyinsaturé. II - Oxydation du linoléate de méthyle pur ou en présence de phénol, de 3,5-di-t-butyl 4-hydroxyanisole, de3,5-di-t-butylhydroxy toluène ou de α-tocophérol.* J. Chim. Phys., **85**, 175-184.

Rouseau-Richard C., Auclair C., Richard C., and Martin R. 1990. *Free Radical Scavenging and cytotoxic properties in the ellipticine series.* Free Radic. Biol. Med., **8**, 223-230.

Roux D.G., and Evelyn S.R. 1960. *Condensed tannins. 4. The distribution and deposition of tannins in heartwoods of acacia mollissima and Schinopsis spp.* Biochem. J., **76**, 17-23.

Sakai M., Suzuki M., Masayuki N., Nanjo F., and Hara Y. 1994. *Preparation of 3-acylated catechins as antioxidative agents.* Eur. Pat. Appl., EP0618203, pp 7.

Saito H., and Ishihara K. 1997. *Antioxidant activity and active sites of phospholipids as antioxidants.* J. Am. Oil Chem. Soc., **74**, 1531-1536.

Scalbert A., Montiès B., Favre J.-M. 1988. *Polyphenols of Quercus robur : adult tree and in vitro grown calli and shoots.* Phytochem., **27**, 3483-3488.

Scalbert A., Duval L., Peng S., and Hervé Du Penhoat C. 1990. *Polyphenols of Quercus Robur L II. Preparative isolation by low pressure and high pressure liquid chromatography of heartwood ellagitanins.* J. chromatogr., **502**, 107-119.

Shoji A., Yanagida A., Shindo H., and Shibusawa Y. 2004. *Comparison of elution behavior of catechins in high-performance liquid chromatography with that on high-speed countercurrent chromatography.* The Japan Society for Analytical Chemistry, **53**, 953-958.

Soltani O., and De Brabander J.K. 2005. *Synthesis of Functionalized Salicylate Esters and Amides by Photochemical Acylation.* Angew. Chem. Int. Ed., **44**, 1696-1699.

Sroka Z. 2005. *Antioxidative and antiradical properties of plant phenolics.* Zeitschrift fuer Naturforschung, C: Journal of Biosciences, **60**, 833-843.

Sun T., and Powers J.R. 2007. *Antioxidants and antioxidant activities of vegetables.* ACS Symposium Series, **956** (Antioxidant Measurement and Applications), 160-183.

Takizawa Y., Nakahashi K., and Baba K. 1992. *Antioxidative effect and oxidation of quercetin derivatives in lipids.* International Congress Series, 749-752.

Tückmantel W., Kozikowski A.P., and Romanczyk L.J. 1999. *Studies in Polyphenol Chemistry and Bioactivity. 1. Preparation of Building Blocks from (+)-Catechin. Procyanidin Formation. Synthesis of the Cancer Cell Growth Inhibitor, 3-O-Galloyl-(2R,3R)-epicatechin-4β,8-[3-O-galloyl-(2R,3R)-epicatechin].* J. Am. Soc., **121**, 12073-12081.

Van der Kerk G.J.M., Verbeek J.H., and Cleton J.C.F. 1951. *Preparation of esters of gallic acid with higher primary alcohols.* Recueil des Travaux Chimiques des Pays-Bas et de la Belgique, **70**, 277-284.

Verhagen H., Schilderman P.A., and Kleinjans J.C. 1991. *Butylated hydroxyanisole in perspective.* Chemico-biological interactions, **80**, 109-134.

Wanasundara U., Amarowicz R., and Shahidi F. 1994. *Isolation and Identification of an Antioxidative Component in Canola Meal.* J. Agric. Food Chem., **42**, 1285-1290.

Wang M., Jin Y., and Ho C.-T. 1999. *Evaluation of resveratrol derivatives as potential antioxidants and identification of a reaction product of resveratrol and DPPH radical.* J. Agric. Food Chem., **47**, 3974-3977.

Wang S.F., Ridsdill-Smith T.J., and Ghisalberti E.L. 1999. *Levels of isoflavonoids as indicators of resistance of subterranean clover to redlegged earth mite.* Journal of Chemical Ecology, **25**, 795-803.

Weissmann G., Kubel H., and Lange W. *Investigation on the carcinogenity of wood dust. Oak wood (Quercus robur L.) extracts.* Holzforschung, **43**, 75-82.

White P. 1995. *Novel natural antioxidants and polymerization inhibitors in oats.* Natural Protectants and Natural Toxicants in Food, **1**, 35-49.

Williams R.L., and Elliot M.S. 1997. *Antioxidants in grapes and wine: chemistry and health effects,* in *Natural antioxidants- chemistry, health effects and applications,* Shahidi F. ed., AOCS Press, Champain, pp 150-173.

Wu J.W., Lee M.H., Ho C.T., and Chang S.S. 1982. *Elucidation of the chemical structures of natural antioxidants isolated from rosemary.* JAOCS, J. Am. Oil Chem. Soc., **59**, 339-345.

Wünsch B., and Zott M. 1992. Chirale *2-Benzopyran-3-carbonsaüre-Derivate durch Oxa-Pictet-Spengler Reaktion von (S)-3-Phenylmilchsaüre-Derivaten.* Liebigs Ann. Chem., 39-45.

Yang B., Kotani A., Arai K., and Kusu F. 2001. *Relationship of Electrochemical Oxidation of Catechins on Their Antioxidant Activity in Microsomial Lipid Peroxidation.* Chem. Pharm. Bull., **49**, 747-751.

Yoshida K., Okugawa T., Nagamatsu E., Yamashita Y., and Matsuoka M. 1984. *Photochemical akylamination of 1-acylaminoanthraquinones*. J. Chem. Soc., 529-533.

Yu W., and Guo R. 1999. *The hydrotrope action of vitamin C*. Journal of Dispersion Science and Technology, **20**, 1359-1387.

Zhang C.X., Wu H., and Weng X.C. 2004. *Two novel synthetic antioxidant for deep frying oils*. Food Chemistry, **84**, 219-222.

Zywicki B., Reemtsma T., and Jekel M. 2002. *Analysis of commercial vegetable tanning agents by reversed-phase liquid chromatography-electrospray ionization–tandem mass spectrometry and its application to wastewater*. J. Chromatogr. A, **970**, 191-200.

www.ingramcontent.com/pod-product-compliance
Lightning Source LLC
Chambersburg PA
CBHW021034210326
41598CB00016B/1020